COUVERTURE SUPÉRIEURE ET INFÉRIEURE
EN COULEUR

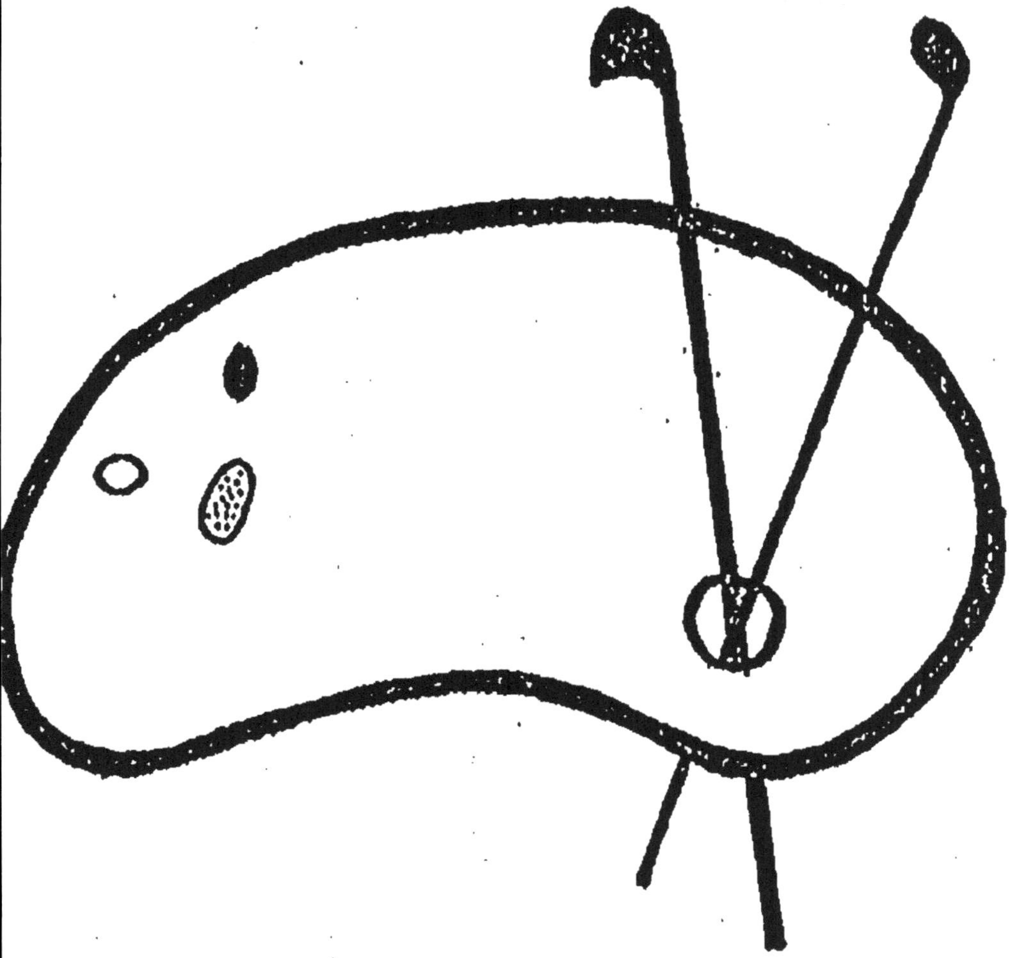

PRÉCIS
D'ANALYSE QUALITATIVE

VOIE HUMIDE

ET

RÉACTIONS DE LA FLAMME

SELON

BUNSEN

PAR

LE Dr VINCENZ WARTHA

PROFESSEUR A L'ÉCOLE POLYTECHNIQUE DE BUDA-PESTH

TRADUIT

PAR CH. BAYE

PARIS

V. ADRIEN DELAHAYE ET Cie, ÉDITEURS

PLACE DE L'ÉCOLE-DE-MÉDECINE

1877

2497-77. CORBEIL. — Typ. et stér. de CRÉTÉ

PRÉFACE DU TRADUCTEUR

« Presque toutes les réactions que l'on obtient au feu du chalumeau, la flamme de la lampe non éclairante peut les manifester ; elle les produit même avec plus de facilité, avec plus de précision. Elle possède, en outre, le privilége de certaines propriétés refusées au chalumeau, et lorsque ce dernier est impuissant, lorsque les procédés analytiques les plus sensibles sont vainement sollicités, il n'est point rare de la voir signaler séparément les plus faibles traces de diverses substances mélangées. »

C'est ainsi que Bunsen annonçait les belles réactions découvertes par lui, celles qui sont mentionnées au titre de cet ouvrage. On voit quels services elles peuvent rendre, combien il est utile de les vulgariser dans le laboratoire. Le professeur Wartha s'est proposé de les y faire adopter en les associant à une méthode générale d'analyse chimique qualitative. Compléter les procédés de la voie humide, puis en confirmer les résultats, au moyen des phénomènes, d'une netteté indiscutable, dont la flamme est le théâtre : tel est le rôle assigné par l'auteur aux réactions de Bunsen. Heureuse alliance de deux modes d'investigation différents. Un précipité formé d'un seul corps viendra présenter, dans telle partie de la flamme, des caractères indiscutables et y révéler en quelque sorte son identité ; que maintenant un groupe tout entier ait été précipité d'un seul coup et qu'on vienne méthodiquement offrir ce mélange tour à tour, à des régions différentes de la même flamme, celle-ci saura séparer les éléments du groupe. Les uns, par exemple, sont volatils dans les zones les plus froides, les autres dans les plus chaudes ; les premiers trahiront déjà leur présence en s'échappant de la masse gazeuse, tandis que les seconds ne seront pas affectés. Si les seules différences de température ne suffisent pas, des oxydations et des réductions successivement opérées atteindront les diverses parties du mélange.

Cette coalition, si je puis ainsi parler, de la flamme et des réactifs de la voie humide, en faveur de l'analyse : voilà le résultat acquis, témoin cet ouvrage que la bienveillante autorisation de M. Wartha nous permet de présenter au public français. On trouvera condensés dans les pages suivantes écrites pour les élèves de l'École polytechnique de Zürich, les travaux de Bunsen et ceux de l'auteur. Nous citerons notamment, parmi ces derniers : la marche systématique (troisième groupe) ainsi que les procédés permettant de reconnaître l'acide titanique au moyen du bisulfate de potasse et du tannin, le soufre en présence du sélénium et du tellure par le nitrocyanure de potassium, le cyanogène par l'hyposulfite de soude, etc.

Il n'est pas une seule des réactions indiquées qui n'ait été vérifiée à maintes reprises et dont la valeur ne soit incontestable. Que l'on ait soin de se conformer scrupuleusement aux prescriptions indiquées, le succès est certain. Prévenons toutefois les commençants : on n'apprendra pas, sans de laborieuses études, à tirer parti de la flamme, dans l'analyse. Il est donc indispensable que le débutant s'exerce à réaliser les réactions du chapitre ii, jusqu'à ce qu'il se les soit appropriées et qu'il les ait, en quelque sorte, dans la main. Lorsque, familiarisé avec elles, il sera en état de les opérer couramment en faisant usage de quantités minimes de matière, alors seulement il lui sera permis d'aborder le chapitre iii.

Les réactions que M. Ferdinand Jean a publiées, en 1871, dans le *Moniteur scientifique du Dr. Quesneville*, pourront être avantageusement employées, à titre auxiliaire. La matière à essayer est introduite dans une perle de borax, et celle-ci est maintenue dans la flamme au bout du fil de platine jusqu'à réduction ; retirant ensuite la perle on y ajoute du polysulfure de sodium desséché et pulvérisé. Un léger excès de polysulfure est nécessaire. On reporte la perle dans la flamme réductrice. Certains métaux forment avec le sulfure de sodium des sulfures doubles, solubles dans le borax et colorent la perle qui reste translucide ; d'autres ne forment pas de combinaisons solubles. La perle est alors opaque.

Ainsi le *fer*, le *plomb*, le *bismuth*, le *nickel*, le *cobalt*, le *palladium*, le *thallium*, l'*argent*, le *cuivre*, l'*urane*, etc., donneront une perle noire ou brune opaque;

Le *zinc*, une perle blanche opaque;

Le *cadmium*, une perle opaque, rouge écarlate à chaud, et d'un beau jaune à froid;

Le *manganèse*, une perle marron sale;

Le *platine* et l'*or*, une perle limpide couleur acajou;

L'*étain*, une perle limpide colorée en jaune-brun clair;

Le *chrôme*, une perle verte;

L'*arsenic* et l'*antimoine*, des perles incolores limpides;

Le *vanadium* et l'*iridium*, des perles limpides rouge sang.

Le lecteur appréciera, je l'espère, dans « l'Analyse qualitative » l'élégante exactitude, au coin de laquelle M. Wartha a marqué ses nombreux mémoires dont la plupart d'abord présentés à l'Académie des sciences de Hongrie se trouvent traduits dans divers recueils allemands.

Paris, le 22 juin 1877.

ANALYSE QUALITATIVE

I

RÉACTIONS DE LA FLAMME.

A. APPAREILS NÉCESSAIRES A CET EFFET ET LEUR EMPLOI.

On se sert surtout de la lampe de Bunsen, avec flamme non éclairante. Elle doit être munie d'une virole mobile qui ouvre et ferme les trous de tirage, et d'une cheminée qui empêche la flamme de vaciller. Flamme et cheminée sont figurées, planche I, fig. 1 et 2 ; la flamme présente les principales divisions suivantes :

A. Le cône sombre $a\, a_{,}\, a_{,,}$ (fig. 2). — Il contient les gaz froids mélangés d'air atmosphérique.

B. L'enveloppe ou le manteau de la flamme $a\, a_0\, a_{,}$ (fig. 2). — Formée par les gaz en combustion, mélangés d'air atmosphérique.

C. La pointe éclairante $a\, a\, \alpha$ (fig. 1). — On ne l'observe pas dans la flamme normale, c'est-à-dire lorsque les trous de tirage de la lampe sont ouverts.

Ces trois régions principales de la flamme comprennent six champs de réaction, ci-dessous énumérés.

1. *Le fond de la flamme.* Il se trouve en α. Sa température est relativement faible, car le gaz qui y brûle est refroidi par le courant d'air inférieur; d'autre part, les bords froids de la lampe absorbent une quantité de chaleur considérable. Quand on porte dans cette région des mélanges de matières capables de colorer la flamme, il arrive souvent que les substances volatiles se vaporisent à l'exclusion des autres. On voit alors des lueurs pouvant, à température plus élevée, s'évanouir ou s'éclipser sous des nuances nouvelles si des matières colorantes plus réfractaires sont en même temps volatilisées.

2. *Le champ de fusion* est situé en β, un peu au-dessus du premier tiers de la hauteur totale de la flamme, dans la partie la plus épaisse du manteau, à égale distance de ses deux faces. C'est dans cette région que règne la plus haute température. C'est là que l'on essaie la fusibilité, la volatilité, le pouvoir émissif des corps, et que l'on opère toutes les fusions à haute température.

3. *Le champ d'oxydation inférieur* se trouve en γ, dans les bords externes du champ de fusion. Il est particulièrement propre à l'oxydation des oxydes métalliques dissous dans les flux vitreux.

4. *Le champ d'oxydation supérieur*, en ε, est formé par la pointe supérieure non éclairante de la flamme. On y obtient le maximum d'effet, lorsque les trous de tirage de la lampe sont complétement ouverts. On y essaie l'oxydation des doses de matière considérables et le grillage des produits d'oxydation volatils. En général, on y fait toutes les opérations pour lesquelles il n'est pas besoin de hautes températures.

5. *Le champ de réduction inférieur* se trouve en δ, dans les bords internes de la zone de fusion, c'est-à-dire du côté du cône sombre. Comme les gaz réducteurs se trouvent, en cet endroit, mélangés d'oxygène atmosphé-

rique n'ayant pas encore servi à la combustion, il en résulte que nombre de matières susceptibles d'être désoxydées dans la flamme de réduction supérieure restent ici sans éprouver de changement; par conséquent cette partie de la flamme offre des caractères refusés au feu du chalumeau. Son usage particulier est d'opérer des réductions sur le charbon et dans les flux vitreux.

6. *Le champ de réduction supérieur* est formé par la pointe éclairante η; elle s'allonge au-dessus du cône sombre de la flamme, quand on diminue graduellement les ouvertures qui donnent accès au courant d'air.

Vient-on à donner à la pointe éclairante un développement trop considérable, on le reconnaîtra en plaçant dans la flamme un tube d'essai rempli d'eau froide; ce tube se couvrira de noir de fumée : phénomène qui ne doit jamais avoir lieu. Cette partie de la flamme ne renferme pas d'oxygène libre; riche en parcelles de charbon incandescentes, elle possède un pouvoir réducteur plus énergique que celui de la flamme inférieure de réduction. Elle sert particulièrement à réduire les métaux que l'on veut recueillir sous forme d'enduits.

Voici la manière de porter les matières à essai dans les champs de réaction désignés plus haut. Nous nous servons d'un fil de platine ténu (1), soudé par fusion dans un étroit tube de verre et aplati au bout au moyen de quelques légers coups de marteau, ce qui permet aux substances de s'y maintenir (fig. 1). Pour les corps qui attaquent le platine, ou qui ne peuvent adhérer sur la pointe humectée, ils sont suspendus dans la flamme par un fil d'amiante, inséré dans un petit tube de verre effilé (fig. 2).

(1) L'épaisseur du fil de platine ne doit pas dépasser de beaucoup celle d'un crin de cheval ni son poids excéder $0^{gr},034$ par décimètre de long.

1.

Les substances qui décrépitent sont, au préalable, réduites en poudre fine : on les écrase sur le plateau de
la lampe, sous la lame élastique, en acier, du couteau
(fig. 3). On éponge la poudre au moyen d'une bande

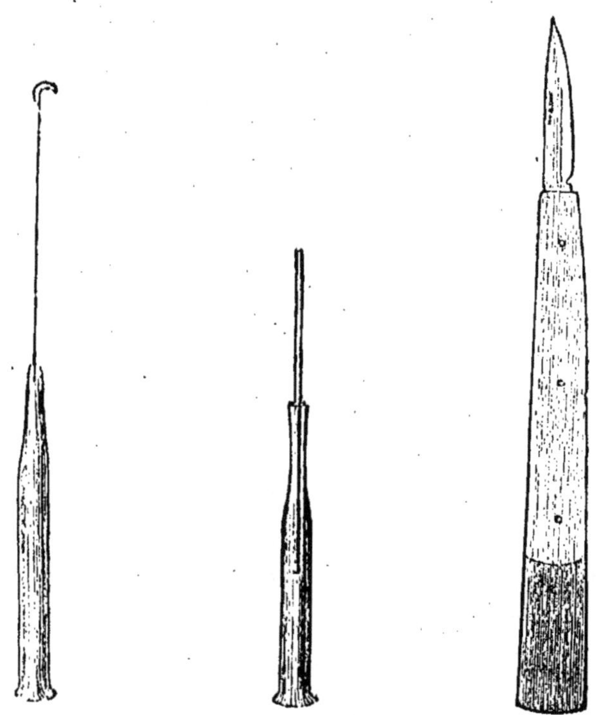

Fig. 1. — Fil de platine soudé dans un tube de verre.

Fig. 2. — Fil d'amiante inséré dans un tube de verre.

Fig. 3. — Couteau à lame d'acier.

humide de papier à filtre d'un centimètre carré environ. On saisit cette bande avec la pince de platine, ou
mieux on l'insinue entre deux anneaux faits d'un fil de
même métal, de l'épaisseur d'un cheveu; vient-on à la
brûler, mais avec précaution, la matière à essai se con-
tracte, et se laisse facilement traiter dans la flamme.

Faut-il chauffer longtemps un corps dans l'une des régions de la flamme, on prend le support (fig. 4). Le bras

a, compris dans le mécanisme A, est perpendiculaire à la tige du support ; pressé légèrement contre cette tige par un ressort, comme celui qui est visible en B, il peut pivoter autour d'elle, et glisser dans le sens de la lon-gueur. On y introduit le petit tube de verre muni du fil de platine. Les tubes à fil d'amiante seront maintenus dans la gaîne dudit support. Le système B, mobile de la même manière sur le support, présente un bras garni de pincettes pour recevoir les tubes d'essai qui doivent être chauffés longtemps dans une circonscription déterminée de la flamme. Le petit disque mobile C est muni de 9 pointes destinées à supporter les petits tubes de verre pendant ou après les essais.

Pour certaines réactions, nous nous servons en ou-tre de tubes à parois très-minces, d'une largeur de 2 à 3 millimètres, et longs de 3 centimètres environ. Un seul tube d'essai ordinaire et mince suffit à en prépa-rer toute une provision ; il faut, pour cela, le chauffer également dans la flamme de la lampe, et l'étirer lente-

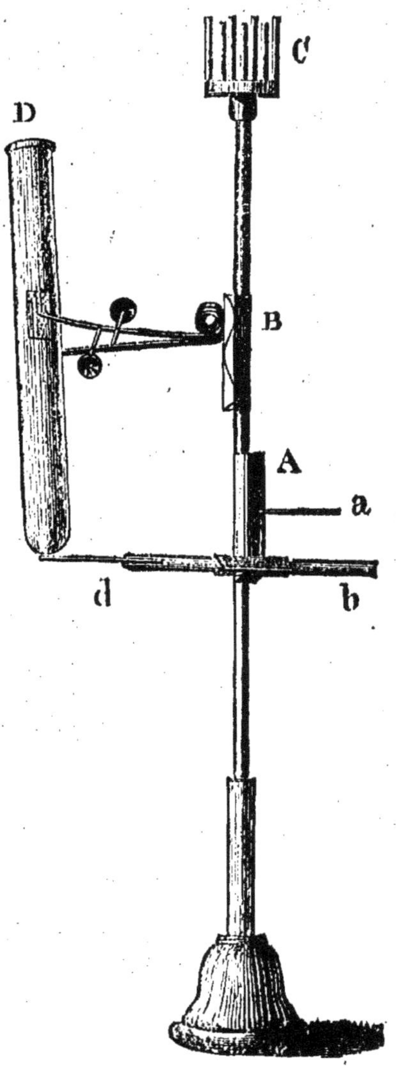

Fig. 4. — Support.

ment en un long tube de la largeur voulue ; ce dernier est alors marqué au diamant, puis brisé en morceaux d'une longueur de 6 ou de 8 centimètres, que l'on étire par le milieu, et que l'on arrondit par fusion aux extrémités.

Pour humecter avec certains réactifs les matières à essayer, on se sert de pipettes fines, que l'on se procure en étirant un tube mince de verre. Les réactifs dont il s'agit sont conservés dans des flacons fermés avec des bouchons de liége ou de caoutchouc percés en leur milieu d'un trou dans lequel est engagée la pipette qui se trouve ainsi prête à servir (fig. 5).

Veut-on humecter rapidement les matières d'essai et les papiers réactifs avec une ou plusieurs gouttes d'eau, on se sert du vase (fig. 6), bien plus commode que la pis-

Fig. 5. — Flacon à réactif, muni d'une pipette.   Fig. 6. — Siphon à eau.   Fig. 7. — Prisme à indigo.

sette ; il permet à volonté d'obtenir l'eau goutte à goutte, ou de la lancer en un mince filet ; après chaque émission, on remplit le siphon.

Pour observer les différentes colorations que communiquent à la flamme les sels de potasse, de lithine, etc., on se sert soit d'une plaque de verre colorée en bleu par le cobalt, soit d'un prisme creux rempli d'une solution d'indigo (fig. 7). L'usage de ces procédés est indiqué avec les réactions des corps en question.

On produira les enduits sur des capsules de porcelaine dont les parois extérieures seront vernies comme l'intérieur; il faudra en avoir une collection. On pourra sans désavantage les remplacer par des spatules de porcelaine.

Pour insuffler sur ces enduits de l'air mélangé d'am-

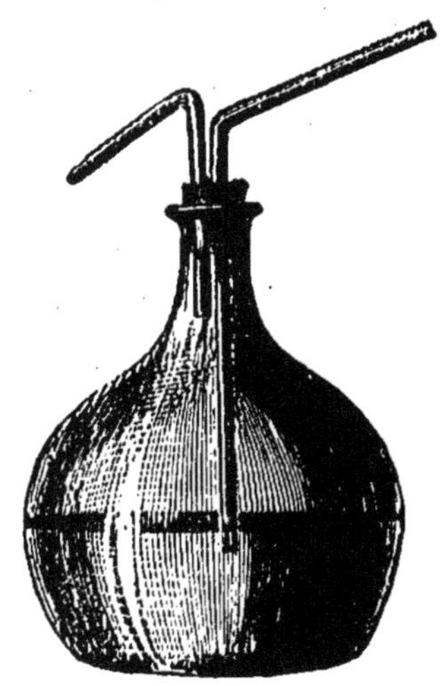

Fig. 8. — Ballon à insufflation de vapeurs ammoniacales ou sulfo-ammoniacales.

Fig. 9. — Flacon à brôme ou à acide iodhydrique.

moniaque ou de sulfure d'ammonium, on se sert de pissettes spéciales. Le tube par lequel on souffle descend au-dessous du niveau du liquide, l'autre n'atteint pas la surface (fig. 8).

Pour traiter par la vapeur de brôme humide, ou par l'acide iodhydrique fumant, les enduits déposés sur les capsules de porcelaine, le vase à large col (fig. 9) est ce qu'il y a de plus commode.

B. MANIÈRE DE PRODUIRE LES RÉACTIONS.

A l'aide de la flamme non éclairante dont nous avons parlé dès le commencement, on peut séparer de leurs combinaisons les éléments volatils, réductibles par l'hydrogène et le charbon. On les obtient à l'état isolé ou à l'état d'oxydes, et on les précipite, sous forme d'enduits, sur la porcelaine ou sur le verre. Un enduit est formé d'une couche de matière épaisse en son milieu, et décroissant progressivement sur les bords en une auréole vaporeuse ; de là la distinction entre le dépôt épais ou enduit, et le dépôt léger ou auréole.

Les dépôts que l'on peut produire sont les suivants :

a. **Enduit métallique.** — Pour le produire, on porte d'une main, à l'extrémité d'un fil d'amiante, dans la flamme supérieure de réduction qui ne doit pas être trop volumineuse, une parcelle de la substance à essayer ; de l'autre, on tient une capsule de porcelaine à parois aussi minces que possible, et remplie d'eau froide, immédiatement au-dessus du fil d'amiante. Les métaux se déposent à l'état d'enduits mats ou brillants et noirs comme le charbon. Arrosés d'acide nitrique à 20 p. 100, ils présentent une solubilité variable qui peut servir de caractère distinctif.

b. **Enduit d'oxyde.** — On maintient la capsule de porcelaine remplie d'eau froide, dans le champ d'oxydation supérieur de la flamme, et l'on procède quant aux autres détails comme pour les enduits métalliques. Si l'on n'emploie, à cet essai, qu'une parcelle de matière, il faut réduire proportionnellement la flamme de la lampe, pour que les produits de volatilisation ne se répandent pas trop loin sur la surface de la porcelaine.

L'enduit d'oxyde est étudié comme il suit :

α. On observe sa couleur et celle de son auréole.

β. On examine si une goutte de protochlorure d'étain le réduit.

γ. Si non, on ajoute de la soude caustique au chlorure d'étain, jusqu'à dissolution de l'hydrate d'oxyde d'étain qui se précipite, et l'on examine si la réduction s'est produite.

δ. A l'aide d'une baguette de verre, on répand sur l'enduit une goutte de nitrate d'argent parfaitement neutre, et l'on y insuffle un courant d'air ammoniacal ; s'il se produit un précipité, on en observe la couleur ; on prolonge l'insufflation ou l'affusion d'ammoniaque aqueuse, opérée goutte à goutte, en examinant si l'enduit se dissout, ou s'il subit quelque changement.

c. **Enduit d'iodure.**—Il est facile de le produire avec l'oxyde. Il suffit pour cela d'humecter avec l'haleine la capsule refroidie sur laquelle ce dernier se trouve déposé, et de la placer sur le flacon à large col, que l'on peut fermer hermétiquement avec un bouchon de verre, et qui est représenté fig. 9. Ce vase contient de l'iodure de phosphore tombé en déliquescence, transformé en acide iodhydrique fumant et en acide phosphoreux. Quand ce mélange a, par absorption d'humidité, perdu la faculté de fumer, il suffit, pour lui rendre cette propriété, d'y ajouter un peu d'acide phosphorique anhydre. On peut obtenir d'une autre manière un enduit plus épais, formé souvent d'un mélange d'iodures au maximum et au minimum, et par conséquent moins régulier. Pour cela, on se sert d'une solution concentrée d'iode dans l'alcool, on imbibe de cette solution un tampon d'amiante, fixé à l'extrémité d'un fil de platine, on allume, et l'on expose l'enduit d'oxyde aux vapeurs qui se dégagent, en les dirigeant çà et là, sous la capsule remplie d'eau froide.

Il se condense quelquefois, en même temps, un peu d'acide iodhydrique aqueux, bruni par l'iode; on le volatilise en chauffant doucement et soufflant à la même place.

On essaie l'enduit de la manière suivante :

α. L'essai de la solubilité consiste tout simplement à humecter la capsule aussitôt qu'elle est refroidie, avec la vapeur de l'haleine; l'enduit, en se dissolvant dans la buée, change de couleur, ou semble disparaître. Il suffit, pour le voir reparaître, d'activer l'évaporation de la buée, en chauffant doucement la capsule, ou en soufflant dessus, à quelque distance.

6. On produit les combinaisons de l'iodure avec l'ammoniaque, en dirigeant sur elles un courant d'air ammoniacal. On observe si la couleur de l'enduit et de l'auréole disparaît avec rapidité, avec lenteur, ou si elle subit des modifications. La couleur primitive reparaît immédiatement, si l'on place la capsule pour quelques instants au-dessus d'un vase rempli d'acide chlorhydrique fumant.

γ. L'enduit d'iodure donne encore, en général, avec le nitrate d'argent et l'ammoniaque, avec le chlorure d'étain et l'hydrate de soude, les mêmes réactions que l'enduit d'oxyde.

d. **Enduit de sulfure.** — Il est très-facile de le faire naître, avec l'enduit d'iodure : il suffit de souffler sur ce dernier un courant d'air chargé de sulfure d'ammonium, et d'éliminer l'excès de ce réactif, en chauffant doucement la porcelaine. Il est bon, pendant l'insufflation, d'humecter de temps en temps avec l'haleine le dépôt de sulfure. Essais à faire avec l'enduit :

α. Dissoudre dans la buée produite par la respiration ou dans quelques gouttes d'eau. Souvent les enduits de sulfures ont tout à fait la même couleur que les enduits d'iodures correspondants; les premiers sont insolubles dans la vapeur d'eau expirée.

6. Essayer la solubilité de l'enduit dans le sulfure d'ammonium insufflé ou versé goutte à goutte.

Opérations réductrices. — Il est parfois avantageux de recueillir l'enduit, non sur la porcelaine, mais sur la convexité inférieure d'un grand tube d'essai rempli d'eau froide. Ainsi l'on opère surtout pour rassembler beaucoup d'enduit de réduction, en vue d'essais ultérieurs. On applique la matière d'essai sur le fil fin d'amiante d (fig. 4), engagé dans le manche de verre b. Le support maintient le tout devant la lampe au niveau du milieu du champ de réduction supérieur. A l'aide du système B, on amène le tube à présenter sa convexité juste au-dessus du fil d'amiante. Il ne reste plus qu'à pousser la lampe sous le tube jusqu'à ce que la matière et l'extrémité du fil se trouvent dans le champ de réduction. Comme l'eau ne tarde pas à bouillir, on place quelques morceaux de marbre dans le tube d'essai, pour éviter les soubresauts. Il y a des oxydes métalliques qui ne donnent pas d'enduits. Il faut les réduire par le carbonate de soude, sur la baguette de charbon. Les métaux viennent à l'état de globules fondus ou de masse spongieuse. Le soufre, le tellure, etc., sont également décelés ainsi.

On approche du bord de la flamme un cristal de carbonate pur de soude non déliquescent; il forme une goutte pâteuse avec laquelle on enduit une allumette ordinaire jusqu'aux trois quarts de sa longueur. On fait tourner lentement cette allumette autour de son axe, dans la flamme de la lampe; le bois se carbonise, et se revêt d'une croûte de carbonate sec de soude, qui fond dans le champ de fusion de la flamme et est absorbée par le charbon. On obtient ainsi une petite baguette de charbon que son vernis de carbonate de soude protége contre une trop facile combustion. A l'aide du couteau (fig. 3) on mêle sur la main la matière à essayer avec une goutte de fusion du cristal de carbonate de soude, et l'on en forme une masse pâteuse, de la grosseur d'un grain de millet, que l'on porte à la pointe de la petite baguette. On fait fondre le mélange dans la flamme d'oxydation inférieure, et on le porte alors, à travers une partie du cône sombre de la flamme, dans la partie opposée la plus chaude du champ de réduction inférieur.

Le moment où la réduction s'accomplit est signalé par une vive effervescence. Au bout de quelques instants, on laisse refroidir dans le cône sombre de la flamme la baguette de charbon et les produits de l'opération. Pour isoler le métal réduit, on brise avec les doigts le bout de la baguette et on le broie avec quelques gouttes d'eau dans un petit mortier d'agate poli. D'ordinaire, les paillettes métalliques apparaissent alors nettement, sans qu'il soit nécessaire de procéder à une lévigation ultérieure de charbon. La lévigation opérée avec soin permet du reste de les isoler facilement du charbon et du carbonate de soude, si l'on veut poursuivre plus loin les recherches. On se procure un morceau de verre, — un éclat de fiole à digestion serait très-convenable pour cet usage — les paillettes y sont dirigées à l'aide d'un jet d'eau ; pour les obtenir à l'état de siccité, on verse cette eau, on enlève ce qui reste avec du papier buvard, et on chauffe modérément.

Quelques dixièmes de milligramme des métaux ainsi isolés suffisent généralement pour en préparer une solution, avec laquelle on pourra produire toutes les précipitations caractéristiques, pourvu que l'on ait soin d'aspirer les réactifs dans un tube capillaire creux, de les verser par milligrammes et d'observer à la loupe les réactions qui se produisent.

Le fer, le cobalt, le nickel, ne fondent pas en globules dans la petite baguette de charbon ; pour les retirer de la masse broyée avec de l'eau dans le mortier d'agate, on se sert de la pointe du couteau magnétique (fig. 3), sur laquelle on les arrose ensuite avec de l'eau et on les dessèche, à une certaine hauteur au-dessus de la flamme. On maintient la lame entre le pouce et l'index d'une main, on la fait passer entre les doigts de l'autre main de manière à enlever les métaux et l'on en approche alors la lame magnétique ; les métaux s'y précipitent et forment un faisceau que l'on peut facilement examiner à la loupe, et mettre en contact avec une perle de borax fondu pour en faire absorber la quantité voulue. On enlève avec un morceau de papier à filtre la partie qui reste adhérente au couteau, pour la dissoudre dans une goutte d'acide, et la traiter plus complétement par les réactifs.

Désagrégation par le carbonate de soude. — Pour ces essais, applicables surtout aux minéraux, nous nous servons de la *spirale de platine* (fig. 10). On se la

Fig. 10. — Spirale de platine.

procure en enroulant un fil de platine assez gros, autour du bout conique d'une lime à bouchon. On forme ainsi une sorte de petit creuset.

PROPRIÉTÉS DES CORPS COMPRIS DANS LA MARCHE SYSTÉMATIQUE DE L'ANALYSE QUALITATIVE.

Les corps dont nous allons parler ont été rangés dans l'ordre adopté pour la marche systématique, de manière à faciliter les recherches.

1er GROUPE.

Argent. — L'argent métallique est blanc, très-brillant, ductile; facilement soluble dans l'acide nitrique, il ne se dissout point dans l'acide sulfurique étendu, ni dans l'acide chlorhydrique.

Les solutions des sels d'argent sont précipitées par *l'acide chlorhydrique* et par les *chlorures solubles*. Le chlorure d'argent précipité noircit à la lumière; il est facilement soluble dans l'ammoniaque et dans l'hyposulfite de soude. Il est facile de déceler la présence de l'argent dans ces solutions : on y plonge une lame de cuivre polie; l'argent se dépose sur cette lame à l'état métallique.

Quand il y a des traces d'argent dans des scories ou dans des minerais constituant des mélanges compliqués, on ne peut reconnaître ce métal qu'en ayant recours à l'ancien système de la coupellation encore aujourd'hui usité. Si les combinaisons d'argent ne sont pas mêlées avec une trop grande quantité de matières étrangères, on peut en découvrir des quantités infiniment petites, en les traitant par le *carbonate de soude*, *sur la petite baguette de charbon*. Le grain d'argent réduit, blanc et ductile, se dissout facilement, par une légère élévation de température, dans l'acide nitrique, et donne avec l'acide chlorhydrique du chlorure d'argent, facilement reconnaissable au moyen de l'ammoniaque et du cuivre.

Mercure. — Le mercure métallique est d'un blanc grisâtre, brillant, liquide à la température ordinaire. Il n'est pas soluble dans l'acide chlorhydrique ; mais l'acide nitrique étendu et froid le dissout à l'état d'azotate de protoxyde, concentré et chaud il le transforme en azotate de bioxyde.

L'acide chlorhydrique et les *chlorures solubles* précipitent les *sels de mercure au minimum*, à l'état de protochlorure. Ce précipité est blanc : il noircit par l'ammoniaque.

L'enduit métallique est gris souris, sans cohésion, répandu sur toute la capsule. Pour réduire de faibles traces de mercure, on mêle la matière sèche avec un mélange de carbonate de soude et de salpêtre, on remplit ainsi un tube d'essai à minces parois, large de 5 à 6 millimètres, et long de 10 à 20 millimètres ; on le maintient dans la flamme à l'aide d'un fil de platine, en l'inclinant de côté de manière que le bout ouvert touche la partie convexe de la capsule de porcelaine remplie d'eau. Quand la quantité de mercure est plus considérable, on obtient ce métal sous forme de globules que l'on peut reconnaître à la loupe et rassembler en gouttes plus volumineuses, en les poussant avec du papier à filtre humide.

L'enduit d'oxyde n'est pas réalisable.

L'enduit d'iodure se produit de la manière suivante : l'enduit métallique humecté avec l'haleine est placé à l'ouverture du flacon à brôme. Il devient d'abord noir, et disparaît, mais longtemps après, en se transformant en brômure. On place alors la capsule au-dessus de l'acide iodhydrique fumant ; on voit apparaître l'enduit carmin tout à fait caractéristique de deutoiodure de mercure, souvent accompagné de l'enduit jaune du protoiodure. Ces deux enduits ne disparaissent pas dans la vapeur de la respiration, ni dans un courant d'air ammoniacal.

L'enduit de sulfure est noir, n'est pas modifié par la vapeur de la respiration, n'est pas soluble dans le sulfhydrate d'ammoniaque.

Plomb. — Le plomb métallique est gris bleuâtre, brillant sur les tranches fraîchement coupées, mou et facilement fusible. Insoluble dans l'acide sulfurique de moyenne concentration, et dans l'acide chlorhydrique, il se dissout au contraire facilement dans l'acide nitrique étendu et chaud.

L'acide chlorhydrique et les *chlorures solubles* produisent dans les solutions de plomb un précipité blanc de chlorure de plomb, soluble dans beaucoup d'eau, notamment à chaud. La grande solubilité de ce sel empêche de déceler dans ce groupe de petites quantités de plomb, qui ne seront complétement précipitées que par l'hydrogène sulfuré, à l'état du sulfure de plomb, noir, insoluble dans le sulfure d'ammonium. Ce précipité est décomposé par l'acide nitrique bouillant, et la solution ainsi obtenue donne avec l'acide sulfurique ou les sulfates un précipité blanc de sulfate de plomb ; avec le chrômate de potasse, un précipité jaune de chrômate de plomb.

Les combinaisons du plomb colorent en bleu livide la *flamme* non éclairante.

L'enduit de réduction est noir, mat ou miroitant.

L'enduit d'oxyde est jaune d'ocre clair.

L'enduit d'iodure varie du jaune d'œuf au jaune citron. Insoluble dans la vapeur de la respiration, il ne se dissout pas non plus lorsqu'on l'humecte directement. Disparaît lorsqu'on y insuffle de l'ammoniaque et reparaît lorsqu'on chauffe.

Enduit de sulfure. — Variable du rouge brun au noir ; insoluble dans le sulfhydrate d'ammoniaque.

Sur la baguette de charbon, avec le carbonate de soude, donne un grain métallique gris, très-mou et ductile.

2° GROUPE.

Les *sels de mercure au maximum* sont précipités complétement par *l'hydrogène sulfuré,* à l'état de bisulfure noir de mercure, insoluble dans l'acide nitrique, mais facilement soluble dans l'eau régale. Les autres réactions ont déjà été mentionnées.

Cuivre. — Le cuivre métallique est rouge, brillant, malléable et assez peu fusible ; difficilement soluble dans l'acide sulfurique étendu et dans l'acide chlorhydrique, il se dissout aisément dans l'acide nitrique et dans l'acide sulfurique concentré.

L'hydrogène sulfuré donne avec les dissolutions des sels de cuivre un sulfure noir, insoluble dans le sulfure d'ammonium, soluble à chaud dans l'acide nitrique. Cette solution, mêlée d'un excès d'ammoniaque, se colore en un bleu d'azur magnifique, dû à la formation d'un sel basique de cuivre et d'ammonium. La solution bleue est décolorée par le cyanure de potassium.

Sur la baguette de charbon, avec le carbonate de soude, les combinaisons de cuivre donnent un grain métallique ductile, facilement reconnaissable à sa couleur.

On en obtient, par broiement et lévigation, des paillettes métalliques que l'on peut facilement dissoudre dans l'acide nitrique dont on a humecté une bande de papier à filtre. La dissolution bleue donne, sur le papier, avec le ferrocyanure de potassium une tache brun-rouge de ferro-cyanure de cuivre.

Avec le borax sur le fil de platine. — Perle bleue, se transforme facilement en perle brun-rouge lorsqu'on l'introduit, après addition d'une très-petite quantité d'étain, dans la flamme inférieure de réduction. La nouvelle coloration est celle du protoxyde de cuivre.

Bismuth. — Le bismuth métallique est d'un blanc d'étain rosé, dur, aigre, facilement soluble dans l'acide nitrique, à peine dans l'acide chlorhydrique, et nullement dans l'acide sulfurique étendu.

De ses dissolutions l'*hydrogène sulfuré* précipite un sulfure noir, insoluble dans le sulfure d'ammonium, et soluble dans l'acide nitrique bouillant. L'*ammoniaque* précipite de cette dissolution un hydrate d'oxyde de bismuth, insoluble dans un excès du précipitant.

Coloration de la flamme, bleuâtre, n'est pas caractéristique.

Enduit de réduction, noir, mat ou miroitant; auréole brun de suie.

Enduit d'oxyde légèrement jaunâtre; le nitrate d'argent, seul ou ammoniacal ne l'altère pas. Le chlorure d'étain seul ne donne pas non plus de réaction; mais l'enduit noircit, après addition d'hydrate de soude, par suite de la formation du protoxyde de bismuth.

Enduit d'iodure très-caractéristique et remarquable par la beauté et la diversité de ses nuances; sa couleur varie du brun au brun noir, avec un reflet bleu-lavande; celle de l'auréole varie du rouge-chair au rose; elle s'évanouit dans la buée de l'haleine, pour reparaître lorsqu'on souffle à sec ; sous l'influence d'insufflations ammoniacales, l'enduit, passant par le rose, arrive au jaune d'œuf ; lorsqu'on souffle à sec ou que l'on chauffe, il reparaît avec une couleur brun-marron ; il se comporte, avec le chlorure d'étain et la soude, comme l'enduit d'oxyde.

L'enduit de sulfure est brun-sépia avec une auréole brun-café ; il ne disparaît pas dans la buée ; il est insoluble dans le sulfhydrate d'ammoniaque.

Sur la baguette de charbon, avec le carbonate de soude, les combinaisons du bismuth se réduisent en un grain métallique, qui donne, par le broiement, des paillettes jaunâtres, brillantes, solubles dans l'acide nitrique. La solution donne, avec le chlorure d'étain et l'hydrate de soude, du protoxyde noir de bismuth.

Cadmium. — Le cadmium métallique est blanc d'étain, brillant, malléable, fusible au-dessous du rouge. L'acide nitrique et l'acide chlorhydrique le dissolvent facilement, de même que l'acide sulfurique étendu.

Des solutions de cadmium, l'*hydrogène sulfuré* précipite un sulfure jaune, insoluble dans le sulfhydrate d'ammoniaque. L'acide nitrique bouillant le dissout très-bien.

Enduit métallique noir, avec une forte auréole brune.

Enduit d'oxyde, noir-brun, décroissant jusqu'au brun, pour se transformer en une auréole blanche, et par conséquent invisible, de sous-oxyde de cadmium. Le chlorure d'étain, seul ou additionné d'hydrate de soude, ne la modifie pas ; par contre le nitrate d'argent, sans ammoniaque, y produit, en réduisant le cadmium à l'état métallique, une coloration caractéristique, noir bleu, qui ne disparaît pas sous l'influence de l'ammoniaque.

Enduit d'iodure blanc, n'est pas coloré par l'ammoniaque.

Enduit de sulfure, jaune-citron, insoluble dans le sulfure d'ammonium liquide.

Réduction par le carbonate de soude sur la baguette de charbon. — Le métal, à cause de sa volatilité, n'est réduit que difficilement à l'état de globules ductiles, d'un blanc d'argent.

Arsenic. — L'arsenic métallique est gris noir, miroitant, brillant à l'air sec. L'acide nitrique faible l'oxyde et le transforme, à chaud, en acide arsénieux; l'acide nitrique fort en acide arsénique. L'acide chlorhydrique et l'acide sulfurique étendu ne dissolvent point l'arsenic; par contre, l'acide sulfurique concentré le fait passer à l'état d'acide arsénieux.

L'hydrogène sulfuré précipite immédiatement, des solutions acides des arsénites, un sulfure d'arsenic jaune, soluble dans le sulfure d'ammonium.

Si l'on fait digérer du sulfure d'arsenic fraîchement précipité, avec du bisulfite de potasse et de l'acide sulfureux, ce sulfure se dissout; on fait bouillir; le liquide se trouble par suite de la formation d'un précipité de soufre qui disparaît après une longue ébullition. Quand on a chassé l'acide sulfureux, le liquide contient de l'arsénite et de l'hyposulfite de potasse.

Les dissolutions des *arséniates* ne sont précipitées que très-lentement à froid par l'hydrogène sulfuré; à la température d'environ 80 à 90°, au contraire, la précipitation est complète.

Coloration de la flamme dans le champ de réduction supérieur, bleu livide, l'odeur bien connue de l'arsenic se manifeste.

Enduit de réduction noir, mat ou brillant, avec une auréole brune.

Enduit d'oxydation blanc; sous l'influence du nitrate d'argent parfaitement neutre, puis d'un courant d'air ammoniacal donne un précipité jaune-citron qui finit par disparaître dans l'insufflation ammoniacale.

En même temps que le précipité jaune, il se forme ordinairement un précipité rouge-brique d'arséniate d'argent, qui paraît seul quand on a auparavant exposé l'enduit au-dessus de la vapeur de brôme. Le chlorure d'étain, avec ou sans hydrate de soude, ne le modifie pas.

L'enduit d'iodure est jaune d'œuf; mouillé avec l'haleine, il disparaît momentanément ; par insufflation ammoniacale, disparition durable; reparaît, sans altération, par l'effet des vapeurs d'acide chlorhydrique.

L'enduit de sulfure, jaune-citron, s'évanouit facilement dans les vapeurs sulfo-ammoniacales, reparaît quand on souffle à sec ou qu'on chauffe, n'est pas modifié quand on le mouille avec l'haleine.

Antimoine. — L'antimoine métallique est blanc d'étain bleuâtre, brillant, aigre et facilement fusible. L'acide nitrique l'oxyde, mais ne le dissout que très-peu. L'acide chlorhydrique ne dissout pas l'antimoine ; l'eau régale, au contraire, le dissout facilement.

Dans les dissolutions acides des combinaisons d'antimoine, l'hydrogène sulfuré précipite un sulfure soluble dans le sulfure d'ammonium.

Coloration de la flamme, verdâtre livide. On a recours au champ de réduction supérieur. Nulle odeur.

Enduit de réduction, noir, tantôt mat, tantôt miroitant.

Enduit d'oxyde, blanc. Humecté de nitrate d'argent complétement neutre, puis soumis à des insufflations ammoniacales, il donne une tache noire d'antimonite de protoxyde d'argent, qui ne disparaît pas lorsqu'on y verse de l'ammoniaque, goutte à goutte. Quand on a d'abord exposé l'enduit à la vapeur du brôme, la réaction n'a plus lieu, par suite de l'oxydation de l'acide antimonieux et de sa transformation en acide antimonique.

Enduit d'iodure, rouge orangé, disparaît lorsqu'on le mouille avec l'haleine, pour reparaître lorsqu'on souffle à sec, ou qu'on le chauffe légèrement ; par insufflation ammoniacale, il disparaît d'une manière persistante ; il reparaît au-dessus des vapeurs d'acide chlorhydrique ; il donne du reste les mêmes réactions que l'enduit d'oxyde.

Enduit de sulfure, rouge orangé. L'auréole elle-même disparaît assez difficilement sous l'influence d'insufflations sulfo-ammoniacales ; reparaît lorsqu'on souffle sec.

Sur la baguette de charbon, avec le carbonate de soude, donne un grain métallique, aigre, blanc, cristallin.

Étain. — L'étain métallique est grisâtre clair, brillant, mou ; on lui fait rendre, en le ployant, le cri caractéristique. L'eau régale et l'acide chlorhydrique le dissolvent facilement ; l'acide sulfurique étendu, difficilement ; concentré, à chaud, il le transforme en sulfate de bioxyde. L'acide nitrique l'oxyde facilement, mais sans le dissoudre en aucune façon.

L'hydrogène sulfuré donne avec les dissolutions acides de protoxyde un sulfure d'étain brun sombre ; avec celles de bioxyde, un bisulfure jaune ; ces combinaisons sont solubles toutes deux dans le sulfure d'ammonium jaune, d'où elles sont reprécipitées par les acides, à l'état de bisulfure.

Sur la baguette de charbon, les combinaisons stanniques sont facilement réduites en un grain métallique blanc, brillant, ductile. Les paillettes métalliques obtenues par le broiement de ce grain, et reportées sur un éclat de verre, se dissolvent, quoique difficilement, dans une goutte d'acide chlorhydrique ; la solution absorbée par le papier buvard, est précipitée en rouge par l'acide

sélénieux, en noir par l'acide tellureux. Si l'on y ajoute
une trace de nitrate de bioxyde de bismuth en solution,
un excès d'hydrate de soude produira un précipité noir
de protoxyde de bismuth.

Une perle de borax, d'une coloration bleuâtre faible,
due à l'oxyde de cuivre, permet de reconnaître les plus
faibles traces d'un composé d'étain, car, ainsi qu'il a été
dit à propos du cuivre, la perle se colore, dans le champ
de réduction inférieur, en brun-rouge et en rouge-rubis.

3° GROUPE.

Alumine. — Dans les dissolutions des combinaisons
d'alumine, l'*ammoniaque* ou le *sulfhydrate d'ammoniaque*
produit un précipité blanc, très-volumineux d'hydrate
d'alumine. Cet hydrate est facilement soluble dans
la lessive de soude ; pour le mettre en liberté on acidule par l'acide acétique, on ajoute de l'acétate de soude,
et on le précipite complétement par le phosphate d'ammoniaque, à l'état de phosphate d'alumine. Si l'on acidule par l'acide acétique une dissolution alcaline de
phosphate d'alumine et que l'on ajoute de l'acétate de
soude, le phosphate d'alumine précipite même à froid.
Ce caractère permet de le distinguer de l'hydrate. L'alumine calcinée dans la flamme de la lampe, sur le fil de
platine, puis humectée d'une solution de cobalt étendue,
et vivement calcinée de nouveau, produit une masse
bleu sombre non fondue.

Oxyde de chrôme. — L'*ammoniaque* et le *sulfhydrate
d'ammoniaque* donnent avec les dissolutions des sels de
chrôme un hydrate vert d'oxyde de chrôme. Ce précipité se dissout, avec une couleur vert foncé, dans la
lessive de soude, et est complétement régénéré par l'é-
bullition.

2.

Dans la spirale de platine, avec du carbonate de soude et par additions répétées de salpêtre, les combinaisons du chrôme sont désagrégées. La masse fondue est jaune clair; on la fait tomber sur le plateau de la lampe, et on la broie avec de l'eau. On sépare du dépôt la solution jaune clair, en la faisant couler avec précaution, et on l'acidule par l'acide acétique. Elle se colore en rouge jaune. Absorbée par une bande de papier, elle donne avec une solution de plomb un précipité jaune; avec une solution de bioxyde de mercure, un précipité rouge, et avec une solution de nitrate d'argent, un précipité brun-rouge. Par le sulfhydrate d'ammoniaque, de même que par évaporation avec de l'eau régale sur le plateau de la lampe, la solution se colore en vert. Le chlorure d'étain produit le même effet.

La *perle de borax* se colore en vert-émeraude dans la flamme d'oxydation, et sa couleur ne change pas dans la flamme de réduction.

Fer. — Le fer métallique, à l'état de pureté, est gris clair, dur, malléable et magnétique. L'acide chlorhydrique et l'acide sulfurique étendu le dissolvent avec dégagement d'hydrogène ; le fer se trouve dans ces dissolutions à l'état de protoxyde. L'acide nitrique étendu dissout le fer à froid, avec dégagement de protoxyde d'azote, à l'état d'azotate de protoxyde; il le dissout à chaud, à l'état d'azotate de sesquioxyde, et dégage du bioxyde d'azote.

Le *sulfure d'ammonium* produit, dans les dissolutions de fer au maximum ou au minimum, un précipité noir de protosulfure de fer. Quand il n'y a que des traces de fer, la solution commence par se colorer en vert sombre, et c'est au bout de quelque temps seulement que l'on voit se déposer des flocons de protosulfure de fer. Ce protosulfure se dissout facilement dans les acides étendus; tout le fer, lorsque la liqueur a été peroxydée, est précipité par l'acétate de soude, en excès, sous l'influence d'une ébullition prolongée, à l'état d'acétate basique de sesquioxyde. Le phosphate d'ammoniaque produit à froid, dans cette dissolution, un précipité de phosphate de sesquioxyde. Le ferrocyanure de potassium forme, dans les solutions des sels de fer au minimum, un précipité blanc bleuâtre, bleuissant rapidement à l'air; le ferricyanure y produit un précipité bleu sombre. Par contre, la ferrocyanure fait naître un précipité bleu sombre dans les solutions de fer au maximum, tandis que le ferricyanure n'y produit qu'une coloration foncée, mais n'y forme pas de précipité.

La réduction sur la baguette de charbon ne donne pas de grains métalliques, mais des paillettes ductiles, d'un éclat métallique; le métal finement broyé forme, sur le couteau magnétique, une houppe noire, sans éclat métallique; cette houppe est recueillie sur du papier, puis humectée goutte à goutte d'acide nitrique et d'un peu d'acide chlorhydrique; on chauffe au-dessus de la lampe; il se produit une tache jaune qui, humectée de ferrocyanure de potassium, prend une couleur bleu foncé. La tache jaune primitive humectée d'une solution de soude, et suspendue quelques instants dans le flacon rempli de vapeur de brôme, ne donne plus de *tache de peroxyde*, lorsqu'on l'humecte de nouveau avec de la lessive de soude.

Perle de borax. — Flamme d'oxydation, perle variable à chaud du jaune au rouge brun, à froid du jaune au jaune brun; flamme de réduction, perle vert-bouteille.

Zinc. — Le zinc métallique est blanc bleuâtre, brillant, aigre et très-fusible. Il est facilement soluble dans les acides chlorhydrique, sulfurique et nitrique.

Dans les dissolutions des sels de zinc, le *sulfure d'ammonium* produit un précipité blanc de sulfure de zinc. Dans les dissolutions acides de zinc qui contiennent un excès d'acétate de soude, l'hydrogène sulfuré produit également un précipité de sulfure de zinc.

Enduit de métal, noir, avec une auréole brune.

Enduit d'oxyde, blanc, et par conséquent invisible. Pour en faire l'essai, on le prend sur un morceau de papier à filtre d'un centimètre carré et suffisamment épais; on humecte ce papier d'acide chlorhydrique, on le saisit entre deux anneaux de trois millimètres de diamètre formés par un fil de platine fin, et on le brûle. Quand la combustion s'effectue dans la flamme d'oxydation supérieure, à la température la plus basse qui puisse y régner, la cendre forme une petite feuille blanche, solide, d'un millimètre carré environ, et que l'on peut calciner sans la fondre. Elle paraît jaune-citron pendant qu'on la chauffe, et redevient blanche par refroidissement ; si l'on humecte cette feuille avec quelques milligrammes de solution de cobalt très-étendue, et qu'on la calcine, elle paraît colorée en beau vert, après le refroidissement. Il n'est pas nécessaire de dire que l'on peut produire la même réaction avec l'enduit métallique.

Les enduits d'iodure et de sulfure ne sont pas caractéristiques.

Manganèse. — Dans les dissolutions des sels de protoxyde de manganèse, le *sulfure d'ammonium* produit un précipité de sulfure, couleur saumon. Si dans les solutions acides des sels de protoxyde de manganèse, on ajoute un excès d'acétate de soude, puis du phosphate d'ammoniaque, et que l'on fasse bouillir pendant longtemps, tout le manganèse se précipite sous forme d'un sulfure blanc, floconneux, facile à filtrer.

Lorsque l'on fond les combinaisons du manganèse *avec*

du carbonate de soude sur le fil de platine, il se produit fa-·cilement, surtout après addition d'un peu d'acide nitri-que, une perle colorée en vert après le refroidissement. L'eau produit avec elle une solution verte qui devient rouge, après addition d'acide nitrique, puis se déco-lore pendant que souvent des flocons bruns se dépo-sent.

La *perle de borax* est colorée en rouge-améthyste dans la flamme d'oxydation, par les combinaisons du man-ganèse ; elle redevient incolore dans le champ de réduc-tion.

Cobalt. — Le cobalt métallique est gris d'acier, dur, difficilement fusible, magnétique; il se dissout facile-ment dans les acides minéraux.

Le *sulfure d'ammonium* précipite de ces dissolutions du sulfure de cobalt, noir, presque insoluble dans l'acide acétique et dans l'acide chlorhydrique étendu. Si l'on fait bouillir une solution de protoxyde de cobalt, contenant du cyanure de potassium, il se produit un cobalticyanure de potassium que l'acide chlorhydrique ne précipite pas. Dans les mêmes circonstances, le nickélicyanure se pré-cipite, mais le cobalt est entraîné en même temps.

Réduction sur la baguette de charbon. — Quand on écrase le charbon, on trouve des paillettes métalliques ductiles, blanches, brillantes, qui forment une houppe à la pointe du couteau magnétique. Le métal, rassemblé sur le papier, donne, avec une goutte d'acide nitrique, une solution rouge, qui, humectée d'acide chlorhydri-que, produit après dessiccation une tache verte, laquelle disparaît , lorsqu'on l'humecte. Le papier, imbibé d'une solution de soude, porté dans la vapeur de brôme, et humecté de nouveau avec une solution de soude, pré-sente une tache brun noir de *sesquioxyde de cobalt*. On peut, après avoir enlevé la soude, incinérer le papier, et employer les cendres à colorer la perle de borax.

Perle de borax. — Dans la flamme d'oxydation perle bleu foncé, qui n'est pas modifiée dans la flamme inférieure de réduction. La perle, chauffée longtemps seule, ou mieux avec du chlorure double de platine et d'ammonium, dans la flamme de réduction supérieure, la plus énergique, se décolore complétement, mais après un laps de temps considérable. Il se dépose du cobalt ou du platinure de cobalt.

Nickel. — Le nickel se comporte tout à fait comme le cobalt; seulement, le sulfure de nickel se dissout un peu dans le *sulfure d'ammonium* contenant de l'ammoniaque libre, et lui communique une couleur brune.

Réduction sur la baguette de charbon. — Le nickel, comme le cobalt, donne, quand on broie le charbon, des paillettes métalliques blanches, brillantes, qui forment une houppe sur le couteau magnétique. Le métal donne, sur le papier, avec l'acide nitrique, une solution verte. Humectée goutte à goutte avec de la lessive de soude, suspendue dans la vapeur de brôme, et humectée de nouveau avec de la lessive de soude, cette solution donne une tache noire de *sesquioxyde de nickel.* La cendre du papier, débarrassé de lessive de soude par le lavage, peut encore servir à produire la réaction des perles de borax.

Perle de borax. — Flamme d'oxydation : perle violet sale, brun gris. Flamme supérieure de réduction : perle rendue grise par le nickel métallique, qui se réunit souvent en une éponge d'un blanc d'argent, tandis que la perle devient incolore.

4e GROUPE.

Calcium. — Les dissolutions des sels de calcium sont précipitées complétement, surtout à chaud, par le *carbonate d'ammoniaque*. Le précipité qui se forme est volumineux, mais devient cristallin quand on le chauffe ou qu'on le laisse longtemps reposer. L'oxalate d'ammoniaque donne avec les solutions de chaux un précipité blanc, pulvérulent, insoluble dans l'acide acétique et l'acide oxalique. L'azotate de chaux est soluble dans l'alcool absolu.

Les sels de chaux, portés sur le fil de platine, dans la *flamme* non éclairante, la colorent en un beau rouge jaune; c'est avec le spath fluor que cette réaction présente la plus grande pureté.

Il y a dans le *spectre* de la chaux une raie d'un vert intense et une raie orangée très-vive, qui sont caractéristiques.

Strontium. — Le *carbonate d'ammoniaque*, dans les dissolutions des sels de strontium, produit un précipité blanc. L'azotate de strontiane n'est pas soluble dans l'alcool absolu.

Les combinaisons de strontiane, portées sur le fil de platine, dans la flamme non éclairante, la colorent en un beau rouge-carmin.

Le spectre de la strontiane contient une raie orangée, deux lignes rouges et une bleue; la dernière notamment est très-caractéristique.

Barium. — Les sels de barium sont précipités par le *carbonate d'ammoniaque;* la solution acétique de ces précipités donne avec le chrômate neutre d'ammoniaque un précipité jaune-citron caractéristique de chrômate de baryte.

Le *spectre* de la baryte est caractérisé par des raies d'un vert intense.

5ᵉ GROUPE.

Magnésium. — Dans les dissolutions des sels de magnésium, le *phosphate d'ammoniaque*, produit en présence du chlorhydrate d'ammoniaque et de l'ammoniaque, un précipité blanc cristallin de *phosphate ammoniaco-magnésien*.

Potassium. — Les combinaisons volatiles du potassium colorent en violet bleu la flamme non éclairante.

Parmi les *raies spectrales* caractéristiques du potassium, on en remarque une rouge et une bleu-indigo.

La *flamme* de la potasse, examinée à travers le prisme d'indigo, paraît bleue, violette, et, à travers les couches les plus épaisses du prisme, rouge-carmin.

La coloration rouge, provenant des sels de lithine, ne pénètre pas, quand le prisme atteint une certaine épaisseur; on peut marquer cette place sur le prisme, et de cette manière reconnaître *la potasse à côté de la lithine*.

Le *chlorure de platine* produit, dans les dissolutions, neutres et acides, des sels de potasse, un précipité jaune, cristallin, difficilement soluble dans l'eau, insoluble dans l'alcool, de chlorure double de platine et d'ammonium.

Sodium. — Les composés du sodium se reconnaissent facilement à la coloration si caractéristique qu'ils communiquent à la *flamme*.

Si l'on voulait se rendre compte des quantités relatives de sodium et de potassium qui peuvent se trouver en présence, on n'aurait qu'à porter les chlorures alcalins, avec un excès de chlorure de platine, sur une lame de verre et évaporer avec précaution. Le sel double de sodium est facile à reconnaître, sous le microscope, à côté du sel double de potassium.

CORPS GÉNÉRATEURS DES ACIDES ET HALOGÈNES.

Soufre. — Les sulfures et les sulfates donnent, avec le carbonate de soude, dans la flamme inférieure de réduction, une masse fondue, qui, humectée sur une lame d'argent, la colore en noir. Comme le tellure et le sélénium donnent les mêmes réactions, il faut d'abord s'assurer de l'absence de ces éléments.

Une réaction plus caractéristique du soufre est la suivante : on fond la matière à essayer, dans la flamme, avec du carbonate de soude pur, sur le fil de platine, et on la chauffe, quelques minutes seulement, dans une flamme de réduction, longue et riche en carbone. On écrase alors la perle avec quelques gouttes d'eau, sur le plateau de la lampe, et on y verse goutte à goutte, au moyen d'un fil de verre creux, une solution étendue de nitrocyanure de potassium. De simples traces de soufre donnent une magnifique coloration carmin (1), qui passe au bleu, puis au vert d'acier sombre, et finalement se transforme en jaune.

Quand on fond du carbonate de soude chimiquement pur, sur la baguette de charbon, on voit apparaître toujours des traces de soufre. Laisse-t-on la perle dans la flamme pendant un quart d'heure, ou davantage, la réaction ci-dessus se produit toujours si le gaz d'éclairage est mélangé d'hydrogène sulfuré, mais elle est alors naturellement très-faible.

Comme le sélénium et le tellure sont insensibles au nitrocyanure, on peut ainsi reconnaître les plus petites

(1) On peut aussi absorber la solution, au moyen d'une petite bande de papier à filtre. On obtient alors avec le nitrocyanure de potassium, la réaction dont il s'agit, et une tache noire avec une dissolution d'oxyde de plomb dans une lessive de soude.

traces de soufre, en présence de ces éléments. Quand on a des sulfures, et non point des sulfates, il suffit de chauffer la matière dans la flamme, pour reconnaître la présence du soufre par l'odorat.

Phosphore. — Les combinaisons phosphorées se reconnaissent facilement de la manière suivante, alors même qu'elles sont mélangées de grandes quantités d'autres corps : on introduit la matière calcinée, broyée finement sur le plateau de porcelaine, dans un petit tube de verre allongé, large comme un tuyau de plume, et fermé par en bas ; on insère un fil de magnésium, excessivement court au milieu de la matière à essayer. Quand on chauffe le petit tube de verre, le phosphure de magnésium se produit avec incandescence. Le petit tube est broyé sur le plateau de porcelaine, et le contenu noir, mouillé avec l'haleine, humecté avec de l'eau, donne l'odeur si caractéristique de l'*hydrogène phosphoré*. A défaut de fil de magnésium, on peut prendre tout aussi bien un petit morceau de sodium. Avec les solutions des phosphates alcalins, le chlorure de barium donne un précipité de phosphate de baryte.

Un mélange de sulfate de magnésie, de chlorure d'ammonium et d'ammoniaque donne un précipité cristallin de phosphate ammoniaco-magnésien.

Silicium. — Traitées par le carbonate de soude, dans la flamme d'oxydation, les combinaisons du silicium se dissolvent avec effervescence. La masse fondue, mêlée d'eau et d'acide acétique, puis évaporée avec précaution sur le plateau de la lampe, ou sur un éclat de verre, abandonne un hydrate silicique gélatineux.

De légers éclats de silicates donnent, par fusion, dans la perle de phosphore, un squelette silicique d'aspect gélatineux.

Chlore. — Les chlorures donnent, avec le nitrate

d'argent, un précipité blanc, caséeux, de chlorure d'argent, noircissant à la lumière ; il est soluble dans l'ammoniaque et en est reprécipité par les acides.

Brôme. — Le nitrate d'argent donne, avec les brômures, un précipité blanc jaunâtre de brômure d'argent. Ce précipité est presque insensible à la lumière, ou prend seulement une teinte d'un gris verdâtre faible ; il n'est que très-difficilement soluble dans l'ammoniaque. Si, dans les solutions de brômures, on verse avec précaution de l'eau de chlore, le brôme se sépare avec sa couleur rouge jaune ; agité avec quelques gouttes de sulfure de carbone, il s'y dissout. Si l'on ajoute un excès d'eau de chlore, le liquide se décolore, et il se forme du chlorure de brôme.

Iode. — Le nitrate d'argent produit, dans les dissolutions des iodures, un précipité jaune d'iodure d'argent qui reste insensible à la lumière, pourvu qu'il soit bien lavé. Le précipité est insoluble dans l'ammoniaque.

L'empois d'amidon est coloré en bleu intense par l'iode libre. Nous nous servons de cette coloration, pour déceler des traces d'iode. Les iodures solubles dans l'eau sont broyés sur le plateau de la lampe, on les humecte de quelques gouttes d'eau, et l'on éponge la solution au moyen d'une bandelette de papier amidonné. Si l'on humecte le papier avec une goutte d'acide nitrique, et qu'on le mette en contact avec une lame de zinc, la coloration énoncée apparaît. Les iodures insolubles sont fondus sur le fil d'amiante, avec un peu d'hyposulfite de soude, dans la base de la flamme ; la matière est alors broyée sur le plateau de la lampe, puis humectée d'eau et traitée comme ci-dessus.

Pour finir, il faut remarquer que les sels des différents acides oxygénés du chlore, du brôme et de l'iode, abandonnent leur oxygène sous l'influence de la chaleur, et se transforment en combinaisons binaires des halogènes correspondants.

Les solutions des iodures sont décomposées par l'eau de chlore ; l'iode qui se dépose peut se dissoudre dans le sulfure de carbone, en lui communiquant une coloration variable depuis le rose jusqu'au violet-pourpre.

Cyanogène. — Les *cyanures, ferrocyanures, ferricyanures* et *nitrocyanures*, lorsqu'ils sont insolubles dans l'eau, sont désagrégés à une chaleur modérée, par fusion avec de l'hyposulfite de soude dans un des petits tubes dont il a été question à propos des réactions du phosphore. Ainsi se forment les sulfures correspondants et, avec le cyanogène, le sulfocyanure de sodium. La matière broyée est humectée avec quelques gouttes d'alcool et absorbée par une bande de papier à filtre ; on y verse alors du perchlorure de fer goutte à goutte, et la couleur rouge caractéristique du sulfocyanure de fer apparaît.

Fluor. — L'acide fluorhydrique à l'état libre attaque le verre, et nous utilisons cette propriété pour le reconnaître. La matière est chauffée avec précaution, dans un creuset de platine, avec l'acide sulfurique concentré. Le creuset est alors recouvert d'un verre de montre revêtu d'un enduit de cire, dans lequel on a tracé quelques traits. Après avoir chauffé longtemps à une douce chaleur, on ôte le verre de montre, on enlève l'enduit de cire, et l'on trouve gravés sur le verre les caractères que l'on avait tracés sur la cire.

III

MARCHE SYSTÉMATIQUE DE L'ANALYSE QUALITATIVE.

A. ESSAIS PRÉLIMINAIRES.

On commence par broyer la matière, les minéraux surtout, dans le mortier d'agate ; on la réduit à l'état de poudre impalpable, et l'on en essaie les *réactions* avec le papier de curcuma et le papier de tournesol ; ces papiers réactifs doivent être d'une pâte fine et spongieuse. Pour faire l'essai, on prend un petit morceau de ce papier, d'un centimètre carré environ, on le place sur une petite plaque de verre ou sur un verre de montre ; on y verse une goutte d'eau, et l'on y ajoute la poudre à essayer. On observe avec une grande précision, en regardant de l'autre côté du verre, la plus faible apparence de réaction.

On essaie ensuite l'*attitude* des corps à essayer, *dans la flamme non éclairante*. On observe s'ils colorent la flamme, s'ils sont fusibles, volatils, s'ils se boursouflent, s'ils décrépitent, etc., etc. ; s'ils dégagent une odeur, comme les mélanges contenant du soufre et de l'arsenic, et dans ce cas, quelle est cette odeur.

On cherche à *produire un enduit métallique et un enduit d'oxyde*, et on les analyse de la manière précédemment exposée. On réduit une partie de la matière *sur la baguette de charbon*, on observe s'il se produit des paillettes métalliques ; on essaie, avec la lame magnétique, s'il y a du fer, du cobalt et du nickel, et l'on cherche enfin à colorer une perle de borax.

On chauffe (1) une partie de la substance à essayer, *dans un des tubes de verre décrits* au sujet des réactions du mercure, et l'on observe s'il se dégage de *l'eau*, ou s'il se forme un sublimé. Le corps volatilisé, s'il est *blanc* (2), peut indiquer les combinaisons mercurielles, *les sels ammoniacaux ou l'acide arsénieux*. Observer également s'il se dégage de l'*ammoniaque*, de l'*acide hypoazotique* ou de l'*oxygène*. Ce dernier se reconnaît à ce caractère qu'un petit morceau de bois incandescent, placé devant l'ouverture du petit tube, y brûle avec vivacité.

Après avoir chassé l'eau par la chaleur, on ajoute un peu de carbonate de soude et de salpêtre, et on fait l'*essai du mercure*.

Pour l'*essai de l'alumine par le nitrate de cobalt*, on ne peut employer que des masses blanches infusibles.

Pour reconnaître l'*acide silicique* dans les matières à essayer, on les fond avec du carbonate de soude, et l'on traite par l'acide acétique. On peut aussi en déceler la présence, en traitant par le sel de phosphore un éclat du minéral.

On essaie le *chrôme* et le *manganèse*, en fondant la substance avec du carbonate de soude et du salpêtre dans la spirale de platine ; enfin, on a encore à trouver le phosphore, le soufre, l'iode et le fluor.

Remarquons encore que, dans le cas où l'on a *un liquide*, il faut en *éprouver la réaction*, et si elle est alcaline, on doit, avant de passer à l'essai systématique, aciduler

---

(1) Les combinaisons organiques sont faciles à reconnaître, car elles noircissent et elles dégagent des vapeurs empyreumatiques.

(2) Le soufre, le perchlorure de fer et le deutoiodure de mercure donnent des sublimés variables du jaune au brun jaune.

faiblement par l'acide nitrique étendu. Pour l'essai préliminaire, on emploie le résidu d'évaporation d'une partie du liquide à analyser.

Quand on a des corps solides, tels que des métaux et leurs sulfures à analyser, voici comment on les dissout. On les pulvérise d'abord aussi finement que possible, on les arrose avec de l'acide nitrique concentré, on chauffe, et l'on observe ce qui se passe. Un résidu blanc peut contenir de l'étain, de l'antimoine et aussi de l'arsenic, quand ce dernier se trouvait dans le mélange; mais souvent aussi, il est formé par des nitrates difficilement solubles, et il faut essayer de les dissoudre en étendant d'eau. Le liquide se trouble-t-il, alors c'est un indice certain de la présence du bismuth. En tout cas, on filtre maintenant, on lave bien le résidu, et au moyen des réactions de la flamme déjà décrites, on fait l'essai des corps qu'il peut renfermer. Quand on veut tout dissoudre, on traite la substance primitive par l'eau régale, et on évapore ensuite complétement ce dissolvant.

Lorsqu'on soumet les sulfures métalliques, en présence du plomb, à une action prolongée de l'acide, il peut arriver qu'il reste dans le résidu du sulfate de plomb. Il est facile d'en constater la présence, en en lavant une partie, et la réduisant sur la baguette de charbon.

Quand on a décelé l'acide silicique, il faut le séparer avant de commencer l'analyse proprement dite. Cette opération est très-facile, si le silicate est décomposé par l'acide chlorhydrique. Il faut, dans ce cas, faire digérer longtemps au bain-marie, avec de l'acide chlorhydrique concentré, le minéral réduit en poudre fine, l'évaporer jusqu'à siccité complète, humecter d'acide chlorhydrique, ajouter de l'eau, et séparer par filtration l'acide silicique devenu insoluble. La liqueur filtrée est considérée comme un liquide soumis à l'analyse, et traitée par les mêmes procédés.

Quand le silicate n'est pas désagrégé par l'acide chlorhydrique, on en fond une partie avec quatre fois son poids de carbonate de soude dans un creuset de platine. On brise alors en morceaux la masse fondue, on en met une partie de côté pour l'analyse des acides, et on procède avec le reste, comme avec un minéral désagrégé par l'acide chlorhydrique. Quand on se propose de rechercher les alcalis dans ces silicates, il faut désagréger par l'acide fluorhydrique, et dans ce cas l'acide silicique est éliminé à l'état de fluorure de silicium qui se dégage. On peut, à cet effet, procéder de différentes manières; on mêle la substance finement pulvérisée avec de l'acide chlorhydrique concentré dans un creuset de platine, on remue le mélange de manière à en former une bouillie légère, on ajoute un peu d'acide fluorhydrique, on chauffe assez vivement pendant peu de temps, on ajoute de l'eau, et l'on chauffe jusqu'à l'ébullition ; généralement, on obtient en quelques minutes une solution tout à fait claire. On évapore maintenant à siccité, on reprend par l'eau aiguisée d'un peu d'acide chlorhydrique, on filtre, s'il est nécessaire, et l'on continue l'analyse.

Quand on a du spath fluor pur, et sans alcali, à sa disposition, on peut aussi s'en servir, pour désagréger les silicates difficilement décomposables. On mélange le minéral finement pulvérisé avec deux ou trois fois son poids de spath fluor en poudre, on remue avec de l'acide sulfurique concentré de manière à former une bouillie légère, et l'on chauffe alors avec précaution, jusqu'à ce qu'il ne se dégage plus de vapeurs d'acide sulfurique, puis on ajoute un peu d'acide chlorhydrique et d'eau ;

on filtre, et l'on procède d'après la marche indiquée plus loin. Cependant la méthode la plus simple pour rechercher les alcalis dans les silicates est celle de l'analyse spectrale. Pour la mettre en pratique, on fond la matière dans la flamme, avec du fluorure d'ammonium, sur le fil de platine, puis on humecte de temps en temps avec de l'acide chlorhydrique, et l'on observe le spectre ; ou bien encore, on chauffe la matière sur le platine, avec du spath fluor pur, en poudre, et de l'acide sulfurique devant le spectroscope. Quant aux minéraux facilement décomposables, on peut les soumettre immédiatement à l'analyse spectrale, après les avoir humectés d'acide chlorhydrique. Ces divers procédés permettent de déceler du même coup la chaux, la baryte, la strontiane et la lithine. On peut aussi faire l'essai de la potasse ou de la lithine par fusion des silicates avec le sulfate de chaux sur le fil de platine. Il se forme des sulfates volatils dont on peut faire l'essai par l'analyse spectrale ou par les milieux colorés.

Quand on a trouvé le fluor dans l'essai préliminaire, on chauffe, dans le creuset de platine, avec de l'acide sulfurique concentré, la matière réduite en poudre, jusqu'à ce qu'il ne se dégage plus de vapeurs, on ajoute de l'eau et de l'acide chlorhydrique, et on poursuit l'analyse.

Pour désagréger le fer chrômé, il faut le fondre avec 3-4 fois son poids d'un mélange de carbonate de soude et de salpêtre.

Tous les autres corps soumis à l'analyse, et dans lesquels on n'a trouvé ni fluor, ni acide silicique, sont d'abord traités par l'eau, et, s'ils refusent de se dissoudre ou de donner une dissolution claire, par les acides. On observe alors s'il se dégage des gaz, dont souvent l'odeur permet déjà de reconnaître la nature.

3.

Les oxydes métalliques insolubles et leurs sels, les combinaisons insolubles du ferricyanogène et du ferrocyanogène, du nitrocyanogène, de l'iode, du brôme et du chlore peuvent être désagrégés avec avantage par fusion avec de l'hyposulfite de soude, à une aussi basse température que possible. La masse fondue est reprise par l'eau. Les sulfures restent insolubles; la solution contient les chlorure, brômure, iodure et sulfocyanure de sodium, avec les sulfures (d'étain et autres) solubles dans les combinaisons du soufre et des alcalis. La solution est acidulée par l'acide chlorhydrique et portée à l'ébullition : les sulfures se précipitent, on filtre, on les essaie, et dans la solution on reconnaît les halogènes. Le résidu est traité par l'acide nitrique, et soumis à des investigations ultérieures. Les sulfates insolubles sont mélangés avec 2-3 fois leur poids de carbonate de soude, et fondus dans une petite capsule de fer. La masse fondue est pulvérisée et reprise par l'eau chaude. La liqueur filtrée est acidulée par l'acide chlorhydrique ou l'acide nitrique, selon les cas. Elle sert à la recherche des acides, tandis que le résidu de carbonate insoluble est dissous dans l'eau, et sert à la recherche des bases.

B. ANALYE PROPREMENT DITE.

Recherche des bases.

Pour grouper les éléments dans l'ordre précédemment indiqué, on emploie successivement les réactifs suivants :

Acide chlorhydrique, hydrogène sulfuré, ammoniaque et sulfure d'ammonium, carbonate d'ammoniaque.

Ces réactifs laissent encore à déceler la magnésie, les alcalis et l'ammoniaque.

1er GROUPE.

Plomb, argent et mercure au minimum. — A l'état de précipités blancs.

Essai préliminaire.

On ajoute au liquide à essayer quelques gouttes d'*acide chlorhydrique*. S'il se produit un précipité, on ajoute une quantité plus considérable de réactif, de manière à précipiter complétement ; on filtre, on lave, on porte une petite partie du précipité sur le plateau de la lampe, et l'on y verse de l'ammoniaque goutte à goutte. Trois cas peuvent se présenter :

a) *Le précipité devient noir ou gris.* — On a certainement du *protoxyde de mercure*, mais peut-être aussi du plomb et de l'argent. On remue la même partie du précipité avec une lame de cuivre poli, et l'on observe s'il s'y est déposé de l'argent métallique. Pour rechercher le plomb, on fait un autre essai avec une nouvelle quantité de matière, et l'on produit l'enduit d'oxyde que l'on traite par l'iode ou le sulfure d'ammonium.

b) *Il reste un résidu blanc.* — Il y a du *plomb*. On fait encore l'essai de l'argent en y plongeant du cuivre. On confirme la présence du *plomb* par l'enduit métallique.

c) *Le précipité se dissout complétement.* —Il n'y a que de *l'argent ;* on en constate la présence par réduction sur une baguette de charbon.

Essai par la voie humide.

S'il se produit un précipité blanc, on le reprend par l'eau chaude, et dans la liqueur filtrée, on décèle le *plomb* par l'acide sulfurique et par le chrômate de potasse.

S'il reste un résidu, on l'arrose d'ammoniaque, qui produit une coloration noire en présence du *mercure :* on filtre, et on sature la liqueur ammoniacale filtrée, par l'acide nitrique. Il se produit un précipité de *chlorure d'argent.*

2° GROUPE.

Les corps de ce groupe précipitent par l'hydrogène sulfuré en solution acide (1).

Nous indiquerons d'abord une méthode basée presque exclusivement sur les réactions de la flamme. Il ne faut la recommander aux commençants, que quand ils ont à rechercher un ou au plus deux des éléments de ce groupe ; la seconde méthode ci-dessous permet de conclure aussi à la quantité relative des matières présentes. On peut employer la première méthode, comme essai préliminaire, avant la seconde.

Plomb..............	
Mercure au maximum	
Cuivre..............	Couleur du précipité, noire
Bismuth.............	ou brun noir.
Étain au maximum..	

(1) L'acide chrômique et le sesquioxyde de fer sont réduits par hydrogène sulfuré. Il se dépose du soufre.

Cadmium............ \
Étain au minimum.... } Couleur du précipité, jaune.
Arsenic............. /
Antimoine.......... Précipité orangé.

Dans la liqueur où l'acide chlorhydrique n'a pas produit de précipité, ou dans le liquide séparé par filtration, on fait passer de l'hydrogène sulfuré jusqu'à saturation, on filtre, et on lave bien le précipité. Quand, dans l'essai préliminaire, on a trouvé de l'arsenic, on chauffe entre 70°-80° la liqueur filtrée, et on y fait passer un courant continu d'hydrogène sulfuré. De cette manière l'acide arsénique est complétement précipité.

Essai préliminaire.

α. Le précipité est noir ou brun noir. — Il faut dans ce cas avoir égard à tous les métaux du groupe. On arrose le précipité avec de l'ammoniaque et du sulfure d'ammonium (1) jaune, on chauffe doucement et on filtre. Dans le résidu se trouvent maintenant le mercure, le plomb, le bismuth, le cuivre et le cadmium. On en porte une petite partie dans le creux du plateau de la lampe, on ajoute quelques gouttes d'acide nitrique concentré, et l'on chauffe doucement. Le *sulfure de mercure* noir reste insoluble. Dans ce cas, on fait naître un enduit métallique, et on transforme ce dernier en enduit d'iodure, qui sert à constater la présence du mercure. Quand l'enduit est gris et miroitant, il ne consiste qu'en mercure, et l'on n'a plus qu'à essayer le *cuivre* par réduction sur la baguette de charbon, ce qui permet de découvrir aussi quelques traces de plomb, s'il y en a. Si l'enduit

(1) En présence du cuivre, il est préférable de prendre du sulfure de potassium.

ne présente pas ces caractères, et qu'il soit noir ou brun, il contient du *cadmium*, dont la présence est confirmée par le nitrate d'argent. Un second enduit d'oxyde est traité par le protochlorure d'étain et la soude. On décèle ainsi des traces de *bismuth*, et l'on confirme ce résultat par l'iode.

β, *Le précipité est jaune ou orangé*. — Il faut ici prendre en considération le cadmium, l'arsenic, l'étain et l'antimoine. On traite par le sulfure d'ammonium, et l'on observe s'il reste un résidu jaune. Ce ne pourrait être que du *sulfure de cadmium* dont la présence est révélée par le nitrate d'argent.

La dissolution sulfo-ammoniacale obtenue dans les deux cas est décomposée par l'acide chlorhydrique, filtrée et lavée. Le précipité est traité comme il suit (1). On brûle environ 3 décigrammes de la combinaison sulfurée sur un fragment de verre, assez grand pour être environné de tous côtés par la flamme, et l'on réunit avec le couteau les quelques milligrammes qui restent. On frotte, sur la masse humectée, l'extrémité d'un petit bâton d'amiante, et l'on produit avec elle un fort enduit métallique sur le tube d'essai. Pour empêcher qu'il ne s'y dépose en même temps du charbon qui serait un obstacle aux opérations suivantes, on rend la flamme supérieure de réduction assez faible, pour pouvoir à peine être considérée comme pointe éclairante. Après avoir dissous l'enduit, à l'aide de quelques gouttes d'acide nitrique, dans la cavité qui règne sur le pourtour du plateau de la lampe, on évapore la solution au-dessous de son point d'ébullition, en la chauffant et soufflant

---

(1) S'il se produit dans la dissolution sulfo-ammoniacale un trouble blanc de soufre précipité, et que le précipité ne donne pas de résidu par la combustion, c'est que les métaux dont il s'agit ne se trouvaient pas en dissolution.

dessus, de manière à la réduire au plus petit volume possible. Vient-on, au moment même où le résidu paraît sec, à verser une goutte de solution d'argent parfaitement neutre, puis à insuffler des vapeurs d'ammoniaque humides, on voit se produire la tache noire caractéristique d'*antimonite* de protoxyde d'argent. Cette réaction est ordinairement accompagnée par celle de l'*arsenic*, que l'on a du reste déjà reconnu, au moment de la combustion.

Il suffit, pour reconnaître l'*étain*, de quelques grains de la poudre obtenue par le grillage des sulfures. On les fond dans la flamme supérieure d'oxydation avec une perle de borax à peine sensiblement colorée par le bioxyde de cuivre. Dans le champ de réduction inférieur de la flamme, cette perle se colore en rouge rubis par suite de la formation du protoxyde de cuivre. Quand cet oxyde prend naissance en quantité trop considérable, le verre devient brun clair ou brun noir, et opaque. On le reporte alors dans la flamme supérieure d'oxydation, où on le promène çà et là, et, l'exposant de temps en temps à la lumière, on voit reparaître la couleur rubis primitive.

Analyse proprement dite du 2° groupe.

Le précipité produit par l'hydrogène sulfuré est arrosé de sulfure de potassium, et exposé à une douce chaleur. S'il reste un résidu, on filtre et on lave.

Ce résidu peut contenir les métaux mentionnés plus haut. On le chauffe avec de l'acide nitrique. S'il y a du *sulfure* de *mercure*, ce dernier n'est pas dissous. On isole le métal sous forme d'un enduit, que l'on transforme ensuite en iodure caractéristique.

De la solution nitrique, on précipite le *plomb* (1) par l'acide sulfurique, puis on mêle la liqueur filtrée avec un excès d'ammoniaque. Le *cuivre* colore le liquide en un bleu d'azur plus ou moins foncé, et le *bismuth* se dépose sous forme d'un précipité blanc floconneux, que l'on peut caractériser par l'enduit d'iodure. Pour faire l'essai du *cadmium*, on décolore le liquide par le cyanure de potassium pur, et l'on y fait passer un courant d'hydrogène sulfuré. Il se précipite du sulfure jaune de cadmium. Quand on n'a pas trouvé de cuivre, l'addition de cyanure de potassium est naturellement superflue.

Quant à la solution sulfo-potassique, elle est maintenant décomposée à l'aide d'un grand excès d'acide sulfureux. On fait digérer le liquide quelque temps au bain-marie, avec le précipité, et on le fait bouillir, jusqu'à ce qu'environ les 2/3 de l'eau et tout l'acide sulfureux soient chassés, puis on filtre. La liqueur filtrée contient de l'*arsénite* et de l'hyposulfite de potasse. On précipite l'*arsenic* par l'hydrogène sulfuré, et on le caractérise ensuite. Le résidu des sulfures est employé d'une part à caractériser l'*antimoine*, à l'aide de l'enduit métallique traité par le nitrate d'argent et l'ammoniaque, et d'autre part à caractériser l'*étain*, à l'aide d'une perle de borax faiblement colorée par le cuivre.

3º GROUPE.

Après avoir séparé les métaux qui se précipitent par l'hydrogène sulfuré, on ajoute au liquide à essayer de l'*ammoniaque* et du *sulfure d'ammonium*, on chauffe tout

(1) Ne jamais oublier de faire l'essai du plomb, sur la baguette de charbon, avec le résidu insoluble dans l'acide nitrique, car tout le métal peut s'y trouver, en combinaison avec l'acide sulfurique.

doucement, et on lave avec de l'eau privée d'air. Le précipité qui se produit comprend :

Fer.....
Cobalt.. } à l'état de sulfures noirs.
Nickel..

Zinc......
Manganèse. } à l'état de sulfure { blanc.
  couleur saumon.

Alumine ....
Phosphate d'alumine ..... } Précipités blancs.
Phosphates alcalino-terreux

Oxyde de chrôme, à l'état d'hydrate vert.

Essai préliminaire.

Une partie du précipité, bien grillée, sert d'abord à faire l'essai de l'*acide phosphorique* avec le fil de magnésium, de la manière qui a déjà été indiquée. Si le précipité est noir, on en réduit une nouvelle quantité avec le carbonate de soude, sur la baguette de charbon, puis à l'aide de la lame magnétique, on sépare du résidu le *fer*, le *cobalt* et le *nickel*, pour colorer la perle de borax. On fait l'essai du *chrôme* et du *manganèse* dans la spirale de platine, avec du carbonate de soude et du salpêtre, et l'on cherche enfin à produire un enduit de zinc, que l'on caractérise par la solution de cobalt.

Analyse proprement dite du 3° groupe.

On fait alors digérer le précipité avec de la lessive de soude. L'*alumine*, le *phosphate d'alumine* et l'*oxyde de chrôme* se dissolvent. La solution, dans ce dernier cas, est colorée en vert émeraude (1).

____

(1) Contrairement aux indications des ouvrages d'enseignement, il

On précipite l'oxyde de chrôme par une ébullition prolongée du liquide alcalin, puis on neutralise, après refroidissement, par l'acide acétique, et l'on ajoute de l'acétate de soude en excès. Le *phosphate d'alumine* se sépare à l'état de précipité blanc, volumineux. La liqueur filtrée est alors mélangée d'un excès de phosphate d'ammoniaque, qui précipite les plus faibles traces d'*alumine*, en combinaison avec l'acide phosphorique.

Les sulfures et les phosphates alcalino-terreux insolubles dans la lessive de soude sont maintenant traités par l'acide chlorhydrique étendu et froid. Le *sulfure de cobalt* et le *sulfure de nickel* restent inattaqués. On fait alors bouillir la solution chlorhydrique pour chasser l'hydrogène sulfuré, et, s'il y a du fer, on l'oxyde par le chlorate de potasse ; s'il n'y a pas de fer, mais de l'acide phosphorique, on mélange de perchlorure de fer, on neutralise approximativement par le carbonate de soude, on ajoute de l'acétate de soude en excès, et on soumet à une ébullition continue (une petite capsule de porcelaine est ce qu'il y a de préférable pour ces essais). Il se sépare de l'acétate basique et du phosphate de fer. On filtre à l'ébullition (1). Dans la liqueur filtrée incolore on fait passer un courant d'hydrogène sulfuré qui précipite du *sulfure de zinc*, blanc. Quand on a trouvé

peut arriver que le fer, surtout, quand il est seul, se dissolve même déjà à la température ordinaire. Mais cela ne peut pas produire de confusion avec le chrôme ; car si le sulfure de fer colore la liqueur en vert, celle-ci par une longue exposition à l'air, ou par l'ébullition, abandonne un précipité noir brun, facile à distinguer de l'hydrate vert clair d'oxyde de chrôme. Pour peu qu'il se soit produit un précipité sombre, il est facile de déceler le chrôme, en le traitant par le carbonate de soude et le salpêtre, sur le fil de platine.

(1) Quand on arrose le précipité avec du sulfure d'ammonium étendu, il passe dans la liqueur filtrée du phosphate d'ammoniaque, et le sulfure de fer reste. On décèle alors l'acide phosphorique par le chlorhydrate d'ammoniaque et le sulfate de magnésie.

de l'acide phosphorique, on précipite le manganèse par le sulfhydrate d'ammoniaque, et dans la liqueur filtrée, on essaie le 4° et le 5° groupe ; dans le cas contraire, on ajoute du phosphate d'ammoniaque, et l'on fait bouillir. Tout le *manganèse* se sépare sous forme d'un précipité blanc, floconneux, que l'on peut essayer, avec le carbonate de soude et le salpêtre, sur le fil de platine.

Les sulfures de *cobalt* et de *nickel*, insolubles dans l'acide chlorhydrique étendu, sont mis en digestion avec de l'eau régale, et amenés ainsi en solution ; l'excès d'acide doit être complétement évaporé. Le résidu est alors repris par l'eau, mêlé de cyanure de potassium et porté à l'ébullition. Il se produit par là du nikélicyanure de potassium et du cobalticyanure de potassium. Si l'on acidule faiblement par l'acide chlorhydrique, le premier est décomposé, le second ne l'est pas, ou plutôt, il ne l'est qu'en donnant naissance à l'acide cobalticyanhydrique, qui est soluble. Si donc, l'acide chlorhydrique ne donne pas de précipité, il n'y a que du cobalt, sinon, il y a du nickel. Si le nickel était seul, ce précipité est du cyanure de nickel ; s'il y avait en même temps du nickel et du cobalt, ce précipité est du cobalticyanure de nickel et l'on peut facilement y déceler le cobalt, par la perle de borax.

On peut aussi, dans la plupart des cas, découvrir les deux métaux par les seules réactions de la flamme. Pour cela, on fond ensemble dans la perle de borax, et dans le champ inférieur d'oxydation, une petite quantité de matière provenant du grillage des sulfures. On porte alors la perle, mais pendant un très-court laps de temps, dans la flamme supérieure de réduction. Le nickel se sépare à l'état métallique, et la couleur du cobalt apparaît. Quelquefois le nickel se précipite à un état de très-grande division ; la perle devient trouble et opaque. On la porte encore brûlante sur le plateau de la lampe, et on l'aplatit avec un pilon. Le disque de borax, ainsi obtenu, adhère encore au fil et sa transparence permet de reconnaître la couleur du cobalt, modifiée en bleu-gris.

Dans une partie de la liqueur séparée par le filtre du groupe sulfo-ammoniacal (1), on fait l'essai de l'*acide phosphorique* par le sulfate de magnésie. Quand on a trouvé cet acide il ne peut y avoir ni chaux, ni baryte, ni strontiane, ni magnésie ; on précipite donc l'*acide phosphorique* par le chlorure de calcium, on filtre, on ajoute du carbonate d'ammoniaque, et l'on évapore à sec. Le résidu, repris par l'eau, lui abandonne les alcalis. Cette solution sert à en faire l'essai. Quand on n'a pas trouvé d'acide phosphorique, on passe au

4ᵉ GROUPE.

Calcium, Barium, Strontium, à l'état de carbonates, sous forme de précipités blancs.

Le liquide dans lequel l'ammoniaque, le sulfure d'ammonium et le sulfate de magnésie n'ont pas produit de précipité est mélangé de *carbonate d'ammoniaque*, chauffé et filtré. Le précipité qui se produit est dissous dans l'acide nitrique étendu, et le liquide est rapidement évaporé à sec, dans un matras auquel on imprime un mouvement continuel ; on ajoute alors quelques gouttes d'alcool, et l'on évapore encore une fois. Les azotates neutres, secs, sont repris maintenant par l'alcool absolu ; le matras est bien bouché et abandonné quelque temps

---

(1) La liqueur filtrée est quelquefois colorée en brun par le sulfure de nickel, qui est soluble dans le sulfure d'ammonium. On décompose par l'acide chlorhydrique étendu, on fait bouillir pour chasser l'hydrogène sulfuré, on filtre, on ajoute de l'ammoniaque, et l'on procède comme il a été indiqué plus haut.

au repos. L'*azotate de chaux* se dissout rapidement et complétement. S'il reste un résidu, il consiste en strontiane ou en baryte. On le verse sur un petit filtre que l'on peut fermer à l'aide d'une plaque de verre, et, dans les premières parties de la liqueur filtrée, on décèle la chaux par l'acide oxalique.

Le mélange salin qui reste est lavé avec de l'alcool absolu en aussi petite quantité que possible, dissous dans l'eau, mélangé d'un peu d'acide acétique et d'acétate de soude, et la *baryte* précipitée par le chrômate neutre d'ammoniaque. La liqueur filtrée est évaporée à sec ; on calcine le résidu ; puis, après l'avoir humecté d'acide chlorhydrique, on le porte sur le fil de platine dans la flamme non éclairante, et l'on y recherche la *strontiane*.

5° GROUPE.

Magnésie, Potasse, Soude et Ammoniaque.

Dans une partie de la liqueur filtrée du groupe précédent, on fait l'essai de la magnésie par le *phosphate d'ammoniaque*. Le précipité cristallin qui se produit présente la propriété caractéristique de se déposer sur les parois du vase aux places qui ont été frottées avec une baguette de verre.

Si l'on n'a pas trouvé de magnésie, on évapore à sec le reste du liquide, on calcine au rouge, dans une capsule pour chasser les sels ammoniacaux ; on reprend le résidu avec très-peu d'eau, on filtre, s'il est nécessaire, et l'on évapore, une seconde fois, à sec, au bain-marie.

On porte le résidu sur le fil de platine, dans la flamme non éclairante, et on le soumet à l'analyse spectrale. Pour connaître aussi les proportions des corps que l'on recherche, de la *soude*, en particulier, on ajoute du chlorure de platine, et l'on porte une goutte du liquide sur le porte-objet du microscope, on évapore à une douce chaleur, et l'on peut maintenant reconnaître à la forme, les combinaisons chloroplatiniques des deux alcalis. Quand on a trouvé de la magnésie, et qu'il n'y a pas d'acide sulfurique, on soumet à une calcination prolongée le résidu de l'évaporation, on reprend par l'eau chaude, et l'on fait maintenant l'essai des alcalis. Quand il y a de l'acide sulfurique, on l'élimine par l'acétate de baryte, on évapore la liqueur filtrée, on porte au rouge, on reprend par l'eau les carbonates alcalins, on évapore avec addition d'acide chlorhydrique, et l'on continue les essais comme plus haut.

Pour rechercher l'ammoniaque, on verse sur la substance primitive, solide ou liquide, un excès de soude, et l'on chauffe légèrement. L'odeur qui se dégage, le nuage blanc qui se forme quand on approche une baguette humectée d'acide acétique, révèlent l'ammoniaque.

Recherche des acides.

Il n'est pas facile d'indiquer une marche systématique pour la recherche des acides. On se borne à faire l'essai de ceux qui se présentent le plus fréquemment. Déjà, en effet, dans l'essai préliminaire et dans l'essai des bases, on en a trouvé quelques-uns. D'autres sont volatils, se dégagent lorsqu'on ajoute des acides plus forts, et sont reconnaissables à l'odeur. L'acide carbonique se manifeste, dans ce cas, par son effervescence ; il trouble l'eau de chaux claire, en y produisant un précipité de carbonate ; le mieux est de porter devant l'ouverture du vase une baguette de verre humectée d'eau de chaux. *L'acide sulfureux*, *l'acide nitreux* et *l'acide hypoazotique*, l'*hydrogène sulfuré* et l'*acide cyanhydrique* ne peuvent pas être méconnus à leur odeur.

On a déjà indiqué combien il est facile de reconnaître le cyanogène dans ses combinaisons solubles et insolubles, en les fondant avec de l'hyposulfite de soude. Les *ferrocyanures* solubles donnent avec le perchlorure de fer un précipité bleu, avec le sulfate de protoxyde un précipité bleu clair, qui se fonce rapidement; les *ferricyanures* solubles ne sont pas précipités par le perchlorure de fer, tandis que le sulfate de protoxyde fait naître un précipité bleu sombre.

Quand le nitrate d'argent produit dans la liqueur à essayer, acidulée par l'acide nitrique, un précipité qui n'est pas complétement blanc, il faut rechercher le *chlore*, le *brôme* et l'*iode*. Pour se convaincre d'abord de la présence du chlore, on verse le liquide dans un tube long, étroit, et l'on y ajoute goutte à goutte une solution de nitrate d'argent jusqu'à ce qu'il ne se forme plus de précipité; on obtient alors, si le tube d'essai n'est pas agité, des couches successives d'abord d'iodure d'argent, puis de brômure et enfin de chlorure d'argent complétement blanc, quand bien même il n'y aurait que des quantités relativement faibles de chlore. Pour rechercher le brôme en présence de l'iode, on ajoute au liquide quelques gouttes de sulfure de carbone, puis de l'eau de chlore, goutte à goutte. L'iode se sépare le premier, et colore le sulfure de carbone en violet; s'il y a du brôme, et que l'on continue l'addition de chlore, la couleur passe au jaune brunâtre. S'il n'y a pas de brôme, le sulfure de carbone se décolore complétement, sans ce changement de couleur.

On essaie l'*acide sulfurique* dans une solution, en ajoutant du chlorure de barium, après avoir acidulé par l'acide chlorhydrique. Il se forme un précipité blanc de sulfate de baryte. Quand on a désagrégé par le carbonate de soude des sulfates insolubles, c'est-à-dire des sulfates de terres alcalines, on reprend, par l'eau chaude, une partie de la masse fondue, on sature la liqueur filtrée par l'acide chlorhydrique, et l'on ajoute du chlorure de barium. La manière de reconnaître l'acide sulfurique par la voie sèche a déjà été indiquée.

Pour trouver l'*acide nitrique* dans une solution soumise à l'analyse, on la mêle avec son volume d'acide sulfurique pur concentré, on laisse refroidir, et l'on verse alors une solution concentrée de sulfate de protoxyde de fer, de telle sorte que les liquides ne se mêlent pas ; aussitôt la couche de contact se colore en pourpre, puis en brun, ou en rose, si l'acide nitrique est en très-faible quantité. On mélange la solution d'un azotate avec de l'*iodure de potassium* et de l'*empois d'amidon ;* on y ajoute quelques gouttes d'acide sulfurique étendu, et l'on y introduit une lame de zinc poli. Il se produit immédiatement, par l'effet de la réduction de l'acide nitrique en acide nitreux, une coloration bleu intense, ou, lorsqu'il n'y a que de très-faibles traces d'acide nitrique, une coloration violet rouge.

La meilleure manière de reconnaître les *azotates* par voie sèche consiste à les chauffer dans un petit tube de verre. Il se dégage des vapeurs jaune rouge ; les *azotates alcalins* présentent cette réaction, lorsqu'on y ajoute du sulfate anhydre de cuivre.

Les *chlorates*, mêlés avec de l'acide sulfurique concentré, dans un large tube de verre, dégagent un gaz jaune verdâtre, explosible, et le liquide se colore en jaune rouge. Les chlorates se décomposent sous l'influence de la chaleur, en dégageant de l'oxygène, et laissant un chlorure. Chauffés avec du charbon, les azotates et les chlorates fusent, en dégageant de la lumière.

Les combinaisons de l'*acide borique* se reconnaissent aux caractères suivants:

Que l'on trempe du papier de cucurma dans la dissolution d'un borate alcalin ou alcalino-terreux, en présence de l'acide chlorhydrique, le papier prend une couleur rouge particulière, surtout après avoir été chauffé à 100°; humecté ensuite avec de la soude, il prend une coloration variable du bleu au noir vert.

L'acide borique se reconnaît à la coloration verte que ses combinaisons communiquent à la flamme de l'alcool, lorsqu'on allume, après les avoir humectées d'acide sulfurique concentré et d'alcool; en présence du cuivre, il faut d'abord précipiter ce métal par l'hydrogène sulfuré.

Fondus sur le fil de platine avec le spath fluor et le bisulfate de potasse, les borates colorent la flamme non éclairante en un beau vert dû à la formation du fluorure de bore.

IV

RÉACTIONS DE QUELQUES ÉLÉMENTS RARES

2° GROUPE.

Or. — *Réduction sur la baguette de charbon*, avec le carbonate de soude. L'or jaune, brillant, ductile, ainsi obtenu, se laisse broyer dans le mortier d'agate, et réduire en paillettes qui présentent l'éclat connu. Ces paillettes, insolubles dans l'acide chlorhydrique et dans l'acide nitrique, se dissolvent assez facilement dans l'eau régale, en donnant une solution jaune clair. Absorbée par une bande de papier buvard, et humectée de protochlorure d'étain, elle donne naissance à un précipité pourpre. Au reste de la solution, sur un éclat de verre, on ajoute du sulfate de protoxyde de fer en solution. L'or est réduit, le liquide se colore en brun; il paraît bleu par transmission.

Platine. — Les combinaisons du platine, calcinées dans la *flamme d'oxydation* supérieure, avec du carbonate de soude, donnent également une masse grise spongieuse, que l'on peut réduire dans le mortier d'agate, en paillettes métalliques, brillantes, ductiles, d'un blanc d'argent. Insolubles dans l'acide nitrique ou l'acide chlorhydrique, elles se dissolvent dans l'eau régale avec une couleur jaune clair, si le platine est pur, jaune brunâtre, s'il contient du rhodium, de l'iridium ou du palladium. La liqueur mêlée d'une solution de cyanure de mercure, et sous l'influence d'insufflations ammoniacales, ne donne pas de précipité blanc floconneux, mais produit immédiatement un précipité jaune clair cristallin de chlorure double de platine et d'ammoniaque.

Le protochlorure d'étain colore les solutions de platine en brun jaune.

Iridium. — Traitées dans la flamme supérieure d'oxydation, par le carbonate de soude, sur un fil fin de platine, les combinaisons d'iridium sont réduites en un métal qui donne, dans le mortier d'agate, une poudre grise, sans éclat, et nullement ductile. Cette poudre, insoluble dans l'acide nitrique, est complétement insoluble même dans l'eau régale.

Palladium — Traités par le carbonate de soude, sur un fil de platine, dans la flamme supérieure d'oxydation, les composés de palladium sont réduits en une masse grise, analogue à l'éponge de platine. Broyée au mortier d'agate, cette masse donne des paillettes métalliques blanc d'argent, brillantes, ductiles, qui, réunies sur un éclat de verre et séchées, se dissolvent avec une couleur brun rouge dans l'acide nitrique. Ajoute-t-on à la solution une petite goutte de cyanure de mercure, on obtient, par insufflations ammoniacales, un précipité blanc, volumineux, soluble dans l'ammoniaque ajoutée goutte à goutte. Après évaporation et ébullition avec de l'eau régale, le liquide réduit à une gouttelette donne un précipité cristallin jaune orangé sale de chlorure double de palladium et d'ammonium. La solution du palladium est colorée par le protochlorure d'étain, selon la quantité qu'on en ajoute, en bleu, en vert et en brun.

Osmium. — Les composés de l'osmium donnent dans la flamme d'oxydation, de l'acide osmique, volatil, d'une odeur piquante, analogue à celle du chlore, et attaquent les yeux.

Rhodium. — Les combinaisons du rhodium se distinguent de celles de l'iridium à ce caractère que la poudre métallique, insoluble dans l'eau régale, fondue avec du bisulfate de potasse s'oxyde partiellement, et donne une solution colorée en rose.

Molybdène. — Est réduit en une poudre fine, *sur la baguette de charbon, avec du carbonate de soude;* mais cette réduction présente tant de difficultés, qu'elle ne peut pas servir à déceler le métal par cette voie. De même aussi certains composés de molybdène donnent dans la flamme supérieure de réduction un enduit très-difficile à obtenir et incomplet, et communiquent alors à la flamme une coloration verdâtre. La meilleure manière de reconnaître les combinaisons du molybdène est la suivante :

On écrase la matière avec la lame d'acier, sur le plateau de porcelaine, puis on la mêle sur la main avec du carbonate de soude, que l'on s'est procuré en le détachant d'un cristal fondu sur les bords, et qui doit à cette origine la consistance pâteuse, la plus favorable à ce genre d'essais. On maintient quelques instants dans la flamme de la lampe le mélange en fusion, au moyen d'une spirale large de deux à trois millimètres, et faite d'un fil de platine, de l'épaisseur d'un cheveu, puis on secoue sur le plateau de la lampe le contenu de la spirale, encore incandescent, on le fait digérer avec deux ou trois gouttes d'eau, à chaud, et l'on absorbe le liquide clair, qui se trouve au-dessus du fond du vase, à l'aide de trois à quatre petites bandes de papier à filtre pas trop fin, larges de quelques millimètres.

α. Une de ces bandes, humectée d'acide chlorhydrique, ne change pas de couleur; mais, si l'on fait tomber sur ce papier humecté une goutte de ferrocyanure de potassium, il se produit une coloration brun rouge.

β. On verse goutte à goutte, sur la bande de papier, quelques milligrammes de protochlorure d'étain, elle se colore en bleu, soit à froid, soit à une douce chaleur. Si elle devenait jaune, ou brun jaune, il faudrait ajouter encore avec une pipette capillaire quelques milligrammes d'une dissolution de carbonate de soude, pour faire paraître la coloration bleue.

γ. Une goutte de sulfure d'ammonium, versée sur la troisième bandelette, y produit une coloration brune, et, après addition d'acide chlorhydrique, un précipité brun. Le papier, autour du précipité, se colore en bleu.

δ. Le précipité phosphaté, jaune, que donne la solution d'acide molybdique mêlée d'azotate d'ammoniaque, se produit de la même manière.

La perle de borax, peu caractéristique, est incolore au feu d'oxydation, et d'un bleu d'émail pour une teneur plus considérable en molybdène; il se forme, au feu de réduction, de l'oxyde de molybdène, qui lui fait prendre une couleur sombre.

Tungstène. — Le tungstène aussi est réductible par le carbonate de soude, sur la baguette de charbon; mais ce n'est pas là un bon procédé pour séparer ou caractériser le métal. On traite donc les combinaisons du tungstène, de la manière qui a été indiquée pour le molybdène, et l'on imprègne une bande de papier buvard du liquide que l'on obtient en reprenant par l'eau le produit de la fusion avec le carbonate de soude.

α. Une bande de papier est humectée d'acide chlorhydrique; elle reste blanche, mais se colore en jaune, lorsqu'on la chauffe; le ferrocyanure de potassium n'y produit pas de coloration.

β. Sur une autre bandelette de papier, on verse goutte à goutte du protochlorure d'étain; elle se colore en bleu à froid ou à chaud.

γ. Une goutte de sulfure d'ammonium soit seul, soit après addition d'acide chlorhydrique, ne produit pas de précipité sur le papier; mais la bandelette prend une couleur bleue ou verdâtre, surtout lorsqu'on chauffe.

Vanadium. — On traite les composés du vanadium avec le carbonate de soude et le salpêtre dans la spirale de platine. La masse fondue est jaune clair. Acidulée par l'acide nitrique, elle précipite en jaune par le nitrate d'argent. Évaporée avec de l'eau régale, elle donne une solution, qui n'est pas verte, mais jaune ou brun jaune, et qui ne devient bleue qu'après addition de protochlorure d'étain. Si le produit de la fusion contient beaucoup d'acide vanadique, la solution donne, avec l'acide chlorhydrique concentré et froid, une coloration brun jaune ou un précipité.

Les combinaisons du vanadium colorent la perle de borax en jaune verdâtre au feu d'oxydation, en vert au feu de réduction.

Tellure. — *Coloration de la flamme :* bleu livide dans le champ supérieur de réduction; le champ d'oxydation, qui se trouve au-dessus, paraît vert.

Volatilisation sans odeur.

Enduit de réduction noir, avec une auréole brun noir; il est mat ou miroitant; chauffé avec de l'acide sulfurique concentré, il donne une solution rose carmin.

Enduit d'oxydation, blanc, peu ou point visible; le protochlorure d'étain le colore en noir, en réduisant le tellure; le nitrate d'argent le colore en blanc jaunâtre, après insufflation d'ammoniaque.

Enduit d'iodure brun noir, avec une auréole brune. Noirci par le protochlorure d'étain.

Enduit de sulfure, variable du noir au brun noir, soluble dans le sulfure d'ammonium.

Avec le carbonate de soude, sur la baguette de charbon, formation de tellurure de sodium, qui produit une tache noire, sur une monnaie d'argent humide. Lorsque la matière renferme beaucoup de tellure, le tellurure, traité par l'acide chlorhydrique, laisse déposer du tellure, et répand l'odeur d'hydrogène telluré.

Avec le carbonate de soude, sur le fil de platine, fusion dans une flamme de réduction, riche en carbone. Le nitrocyanure de potassium ne produit pas de coloration. On peut, de cette manière, reconnaître les plus petites traces de soufre en présence du tellure.

Sélénium. — *Coloration de la flamme* en bleu bleuet pur.

Se volatilise, en répandant l'odeur rance, que l'on connaît.

Enduit de réduction, variable du rouge-brique, au rouge-cerise, tantôt mat, tantôt miroitant. Chauffé avec de l'acide sulfurique concentré, donne une solution vert sale.

Enduit d'oxyde, blanc. Humecté de protochlorure d'étain, il prend une couleur rouge-brique qu'il doit au sélénium réduit ; l'hydrate de soude rend plus sombre la couleur rouge.

Enduit d'iodure, brun.

Enduit de sulfure, variable du jaune à l'orangé, soluble dans le sulfure d'ammonium.

Réduction avec le carbonate de soude, sur la baguette de charbon, donne du séléniure de sodium, qui, avec une goutte d'eau, sur une monnaie d'argent, produit une tache noire. Ce séléniure, traité par l'acide chlorhydrique, lorsque la quantité de matière n'était pas trop petite, abandonne du sélénium rouge, et répand l'odeur de l'hydrogène sélénié. Nulle réaction, avec le nitrocyanure de potassium.

3° GROUPE.

Urane. — Les combinaisons de l'urane donnent une perle de borax jaune, dans la flamme d'oxydation. Cette perle passe au vert dans la flamme de réduction ; humectée de protochlorure d'étain, elle verdit plus vite. Les colorations présentent une grande analogie avec celles des composés de fer ; mais il est facile de les distinguer, en l'absence de tout autre oxyde colorant, car la perle d'urane incandescente répand une lumière vert bleu, analogue à la fluorescence des combinaisons de l'urane. Les perles que donne le borax avec l'oxyde de plomb, l'acide stannique, et quelques autres corps, manifestent, à l'incandescence, un dégagement de lumière analogue, mais ne sont pas colorées, après le refroidissement, comme la perle de borax.

Traitées par le bisulfate de potasse, dans la spirale de platine, à une température voisine du rouge, les combinaisons insolubles de l'urane sont désagrégées. On broie la matière fondue, avec quelques grains de carbonate de soude cristallisé, et l'on absorbe, à l'aide de papier buvard, le liquide provenant de la masse triturée légèrement humectée. Sur le papier, imbibé d'acide acétique, le ferrocyanure de potassium produit une tache brune.

Titane. — Les combinaisons du titane donnent, avec le sel de phosphore, une perle incolore, qui prend, au feu de réduction, une coloration améthyste faible. Si l'on ajoute un peu de sulfate de protoxyde de fer, la perle acquiert, dans la flamme inférieure de réduction, la coloration rouge caractéristique du sang veineux ; dans la flamme d'oxydation, on reproduit la couleur brun clair des sels de sesquioxyde de fer.

Les combinaisons du titane sont décomposées avec effervescence par le carbonate de soude. La masse fondue, transparente pendant l'incandescence, devient opaque après refroidissement. Humectée, encore chaude, de protochlorure d'étain, versé goutte à goutte, et traitée dans la flamme de réduction inférieure, elle forme une masse grise que l'on dissout à chaud dans l'acide chlorhydrique, sur le plateau de la lampe. L'acide prend une légère coloration améthyste.

On rencontre souvent de petites quantités d'acide titanique dans les silicates, l'argile, les laves. Pour les déceler, on réduit en poudre fine la matière à examiner ; on la fond, selon la quantité que l'on prend, dans la spirale de platine ou dans un petit tube de verre, avec du bisulfate de potasse, on humecte d'eau la masse fondue, et l'on y ajoute une goutte d'une solution de tannin. La plus petite trace d'acide titanique produit ainsi une coloration jaune orangé. Si le fer se trouve en quantité assez considérable pour troubler le phénomène, une goutte d'acide sulfurique suffit pour faire disparaître la réaction de ce métal.

Thallium et Indium. — Le procédé le plus facile, pour les reconnaître, est l'emploi du spectroscope. Le thallium communique à la flamme non éclairante une couleur vert-pré, l'indium une couleur bleu-indigo.

4° GROUPE.

Lithium. — Les composés volatils du lithium colorent en rouge-carmin intense la flamme non éclairante. Pour rechercher par l'analyse spectrale le lithium dans les silicates, il faut d'abord les fondre avec du gypse. Une petite quantité de potasse ne masque pas la coloration de la flamme par la lithine. Pour reconnaître la lithine, en présence de beaucoup de potasse, on porte dans le champ de fusion, d'un côté la matière à essayer, de l'autre côté de la potasse pure, et l'on observe la flamme en interposant le prisme d'indigo. A travers les couches les plus minces du prisme, la lueur de la lithine paraît plus rouge que celle de la potasse ; à travers les couches un peu épaisses, les deux flammes paraissent également rouges, quand il y a peu de lithine pour beaucoup de potasse ; lorsque la lithine prédomine, l'éclat de sa flamme est affaibli dans les couches épaisses, tandis que la lueur due à la potasse reste invariable. Le spectre de la lithine présente une ligne rouge caractéristique.

Cœsium et Rubidium. — Les combinaisons du cœsium et du rubidium colorent la flamme comme les combinaisons du potassium. Elles se comportent à l'instar de ces dernières avec le chlorure de platine. Ces métaux alcalins rares sont très-facilement reconnaissables à leur spectre caractéristique.

FIN.

TABLE DES MATIÈRES

2497-77. — CORBEIL. typ. et stér. de CRÉTÉ.